ビームス ジャパン
銘品のススメ

LOCAL SPECIALTY /
(47) PREFECTURES IN JAPAN

BEAMS
JAPAN

はじめに

ビームス ジャパンの立ち上げから丸5年が過ぎました。
開業はビームスが創業40周年を迎えた2016年。
これまでお世話になった方々や日本に恩返しするため、
日本の魅力を国内外に発信するための基地として、
お店として、プロジェクトとしてスタートしました。
ビームス ジャパンが紹介する〝ニッポン〟は、ファッション、
カルチャー、クラフト、アート、銘品と多彩です。
銘品を担当する私の仕事は、日本各地の魅力的なモノを、
今までのビームスになかった切り口で提案すること。
最初から銘品というテーマが決まっていたわけではなく、
企画を考えるところからが、私の役目でした。

長年、バイヤーとして全国を廻り、さまざまな人や産地と関わり、
たくさんのモノを見てきた私の頭の中には、
漠然と、やりたいことがずっとありました。
それは、見過ごされてきたモノ、本当は良いモノなのに
正統な評価を受けてこなかったモノ、
まだまだ知られていないモノを紹介していくこと。
あっという間の5年間。たくさんのモノやコト、
そしてヒトに関わらせていただきました。
この本では、その中でも特に印象深く記憶に残る
各都道府県の銘品をひとつずつ紹介していきます。
まずはこの一冊から、日本の銘品に触れてみてください。

ビームス ジャパン ディレクター　鈴木修司

京都
ビームスジャパン
BEAMS
COW
Beauty Soap
すっきり[橙箱]
デオドラントソープ

BEAMS JAP
BEAMS JAPAN
Matsusaka momen
Beams Japan

目次

○北海道・東北地方

○ 関東・中部地方

01

ニポポ人形

北海道・網走市

これまで日本全国各地を巡ってきましたが、実は北海道にはあまり縁がなく、札幌と旭川に行ったことがあるくらいでした。そんな中、北海道の歴史や文化に興味を持つキッカケを作ってくれたのは、尊敬するブランディングディレクターの福田春美さんでした。

それは確か2017年頃のこと。福田さんから「道東に行ってみない？ とても魅力的な場所だから、絶対に鈴木くんも気に入るはず！」と誘っていただき、「行きます！ 福田さんが次に行く時に連れていってください」と即答したのを昨日のことのように覚えています。

そうして訪れた道東と呼ばれるエリア。根室、別海、阿寒、網走を巡り、その旅を通して北海道に対する考えが確実に変わりました。それまで、私は「北海道って開拓されてからの歴史も浅いし、地域性に乏しく、僕にとってあまり面白みのない場所」という、勝手なイメージを持っていました。しかし、その旅を通して、北海道の各地には固有の文化があるということ、場所によっては先住民族や北方民族との交流により、特殊な文化や歴史があるということを知り、そのイメージが一気にひっくり返りました。ここで各地でのエピソードを話し出すと長くなるので割愛しますが、特に私が関心を持ったのは、オホーツク海を中心に交易や生活していた〝いくつかの北方民族〟の文化でした。

彼らは〝アイヌ〟とは別の民族で、アイヌの人たちや当時の日本人とも盛んに交易し、今のロシアや中国からさまざまな文化や産品を運び、北海道や日本に多くの影響を及ぼした人たちでした。しかし、江戸時代から始まる開拓や、明治から昭和にかけて続いたいくつかの戦争や想像するだけで悲しくなってしまうような出来事に翻弄され、その歴史と文化を今に伝えるものは数多くありません。本当に悲しいことです。

けれども、そんな北方民族の文化をルーツに持つ郷土玩具が、今も大切に受け継がれています。それは、今も網走の地で作られているニポポ人形です。ニポポ人形は、昭和中頃に当時「網走市立郷土博物館」の館長だった考古学者・米村喜男衛氏のアイデアにより、「網走刑務所」の受刑者の仕事（作業）のために生まれ、今も「網走刑務所」内で作られています。ちなみに米村氏は網走郊外の「モヨロ貝塚」の発見や北方民族の研究でも知られる人物。実際に貝塚に併設された博物館を何度か訪れ、文献を通して米村氏の功績について知ったのですが、彼は地域の歴史と文化と紐付いた郷土玩具を生み出すことで、愛する地元に貢献し、また北方民族の文化を後世に繋げようとしたのではないか？　ニポポ人形は、そうした象徴的な意味を持つ郷土玩具なのではないかと私は思っています。

自宅に愛らしく微笑むニポポ人形を飾っているのですが、見るたびにその微笑みの奥に、厳しく悲しい北海道の北方民族の人たちの歴史を感じます。そして、ニポポ人形はさまざまな違いを超えて、世界中の人たちの調和や幸せを祈るものだと思っています。だからこそ、静かに祈るような微笑みを浮かべているのではないでしょうか。それは、先住民族や周辺の北方民族、そして日本各地からの開拓民、最近では世界中から人が集まる北海道だからこそ生まれたモノ。初めての道東の旅から4年。以来、北海道の各地域で数多くの銘品と出合いましたが、今回はその原点となったニポポ人形を北海道の銘品として紹介させてもらうことにしました。

02 ボッコ靴　青森県・黒石市

私がボッコ靴と呼ばれる長靴に初めて出合ったのは、2012年の春のこと。東日本大震災を受けて、東京・六本木の「21_21 DESIGN SIGHT」で企画・開催された「テマヒマ展〈東北の食と住〉」の会場でした。その展覧会は、東北の文化や地域性が色濃く表現されたコンセプトとキュレーションが素晴らしく、展示方法にも感銘を受けたのですが、展示された個々のモノにも私は強く惹かれました。

中でも特に印象に残ったのが、このボッコ靴です。初めて見た時、それはもう衝撃的でした。原始的なつくりと粗野な素材感がそう思わせたのか、その長靴に東北の厳しい自然環境に暮らす人々の長年の知恵、そしていろんな意味で〝温かさ〟を感じたのです。最近、巷で売られているモノや使われているモノに〝温かさ〟を感じることが少なくなり、逆に〝冷たさ〟を感じています。

展覧会でボッコ靴と出合った時、「どうせ過去のモノだろう」と勝手に決めつけて見ていたのですが、家に帰って気になって調べてみると、今でも青森県で細々と作られていることがわかりました。それ以上、深追いすることはありませんでしたが、「いつか青森を訪れる際には、現地で調べてみよう」と思い、以来、漠然とそんなふうに思い続けてきました。

そんな初めての出合いから数年後のこと。青森県の特産品を紹介する冊子を眺めていたら、なんと作り手の方とともにボッコ靴が紹介されていたのです。「これはなんとしても訪ねてみたい」と考えました。運良く、そのあとすぐに青森県を訪れる機会が巡ってきたので、県内で唯一今もボッコ靴を作り続ける「Kボッコ」のホームページに記載されていた連絡先にメールし、「可能ならば、訪問させてください」とお願いしてみました。しかし、残念ながらメールの返信はありませんでした。私はそれ以上、返信の催促もせず訪問をあきらめました。「貴重なお仕事の邪魔になってはいけない」「私のような人間が関わってはいけないモノなのかな」と、返事がないことを珍しく悲観的に捉えてしまったのです。

それから、また数年後。青森県と仕事をさせてもらうことになり、県の地場産品担当者の方が県内をアテンドしてくださることになりました。ボッコ靴のことがあきらめきれない私は、ダメ元で「Kボッコ」を訪れたい旨を相談しました。半ばあきらめていたのですが、なんと予想に反して訪問できることになり、もうそれだけで嬉しくて仕方がありませんでした。どこに行ってもついつい厚かましくなってしまうので、「ただ話を聞けるだけでもいいじゃないか」「謙虚に」と心に言い聞かせて、黒石市の「Kボッコ」を目指しました。

黒石市には、アーケードの原型といわれている〝こみせ（小見世）〟と呼ばれる昔ながらの風情ある商店街があり、その通りの一角に「Kボッコ」はありました。その外観は昔懐かしの靴屋さんといった佇まい。中に入ってもその印象は変わらず、地元の人たちが普段履きを買いにくるようなお店でした。そんな店内の一角にボッコ靴のサンプルが展示されたコーナーが！　とうとう憧れていたボッコ靴との対面です。県の担当者の方に代表であり、製作者でもある工藤さんを紹介していただくと、興奮のあまりこれまでの経緯を一気に話しました（気持ちが入りすぎた時に出てしまう、私の悪い癖）。そして、以前一方的にメールをお送りしたことをお詫びしました。すると、工藤さんは「あの時は申し訳なかった」と言われたのです。

工藤さんは私のメールをよく覚えていて、その時は返事自体をし難い状況だったことを丁寧に説明してくれました。私が冊子でボッコ靴を見た直後に原材料である天然ゴムの供給が途絶えてしまい、製作ができなくなってしまったこと。そのような状況下でどう返信していいかわからなかったとのことでした。また、最近ようやく供給先を見つけ、製造を再開することができたという嬉しい話も聞かせてくれました。

メールの返信がなかった時は正直凹みましたが、こんな良いニュースはありません。長い時間、待った甲斐があるというものです。工藤さんも「そこまで鈴木さんが思っていてくれたなんて」と喜んでくださり、目の前で製作の実演もしてくださり、幸せな時間を過ごすことができました。

そして、ひととおりお話を聞いて帰る間際、また悪い癖というか〝ちゃっかり根性〟が働いてしまい、私は不躾にも工藤さんにこう切り出しました。

「本当に夢みたいな話ですが、ちょっとでもお仕事に余裕があれば、またビームスのようなお店に少しでも興味があれば、私たちに商品を譲っていただけませんでしょうか？ ビームス ジャパンで販売させていただけないでしょうか？」

今でもよく覚えているのですが、独特の間があったので、「うわ〜、また厚かましいことを言ってしまった。せっかくの良い出会いがダメになってしまう」と瞬間的に後悔していたら、「それは願ってもない話です」と工藤さんから、予想を裏切る良いお返事を頂くことができたのです！

そして、工藤さんとの出会いから待つこと1年あまり。注文から製作期間を経て、とうとうビームスジャパンの店頭にボッコ靴が並ぶ日がやってきました。その存在を初めて知ってから約7年越しの夢が叶ったのです。私が勝手に〝幻の銘品〟と呼ぶモノをビームスジャパンで販売できたことは、これまでのバイヤー人生の中でも忘れられないものとなりました。

話が長くなるので、そろそろ終わりにしますが、最後にもうひとつご報告です。2020年の1月、ビームスジャパンでボッコ靴の販売をさせてくださったお礼を工藤さんに直接お伝えするため、「Kボッコ」を再訪させていただきました。お礼とともにビームスジャパンのお客様やスタッフの反応、販売実績などを工藤さんにご報告すると、とても喜んでくださり、また予想外の言葉を頂きました。予想外は大歓迎なのですが、それは本当に予想外の予想外で「鈴木さん、また新しいアイデアをくださいよ。チャレンジしてみたい」とおっしゃってくださったのです！ まさか、「そんな言葉を頂けるとは！」と驚きましたが、実は密かに新しいアイデアがすでにあったのです。何年後かにあわよくば、提案できたらなあと考えていた程度だったのですが、せっかくなので、その場で工藤さんに伝えました。

長靴形のボッコ靴を改良して、ガーデニングやちょっとしたおでかけに使えるサボのような新型を作ることはできないかと。〝サボ〟と聞くとオシャレなイメージですが、関西の生まれの私にとっての〝ヘップ〟、いわゆる〝つっかけ〟のような簡易的な履き物が作れたら面白いなと考えていました。たまたま、想像していたモノに近い商品がビームスにあったので、それをベースに参考となる写真も見せながら工藤さんにアイデアを説明させていただいたら、すぐにご理解いただけました。さすがは職人です。

それから、1ヶ月もしないうちに試作品が届いたのですが（工藤さんのやる気を感じます）、またまた予想外というか予想を遥かに超える素晴らしい仕上がりでした。修正箇所もほとんどなかったので、私のサイズで改めてサンプル製作をお願いして、自宅の近所で履き心地を検証し、かなり良い調子でしたので、すぐ商品化が決まりました。名前はすぐに決まって、〝ボッコサボ〟と命名しました。作り手とアイデアを共有し、お互いに刺激しあうことで、また新たな銘品が生まれました。嗚呼、やっぱりこういうことがあるから、この仕事はやめられません。

03 SEIKO寅ダイバー　岩手県・雫石町

ビームスジャパンはもとより、ビームスの歴史のひとつとして後世に語り継ぐべき企画として、「男はつらいよビームス篇」があります。その名のとおり、日本が世界に誇るシリーズ映画『男はつらいよ』に関わらせていただいた企画です。これまでビームスジャパンは、日本各地のさまざまな銘品や名作に関わってきましたが、とうとう日本の名作映画とのコラボレーションが実現したのです。

２０１８年の終わり頃、縁あってとあるメーカー様からお声がけいただいたのが、そのすべての始まりでした。父親の影響で、長年この映画の大ファンだった私にとって『男はつらいよ』に仕事で関わることができるなんて、まさに夢のような話ですし、企画を進めない理由はありませんでした。

企画のことを詳しく話し出すと、熱くなり長くなってしまいそうなので、簡単に説明すると、『男はつらいよ』の主人公である車寅次郎へのオマージュとして、日本の各産地や国内を代表するメーカーの皆さんと、〝本気の車寅次郎グッズ〟を作るというものでした。ご存じの方も多いとは思いますが、車寅次郎こと、寅さんは生業とする露店商稼業のために日本各地を旅します。そこで、美しいマドンナと次々に出会い恋に落ちて（いつも片思いですが）、さまざまな人情劇が始まるわけですが……、また話が逸れそうなので本題に戻ります。

そんなわけで、「男はつらいよビームス篇」では、日本全国を旅した寅さんにオマージュを込めて、たくさんの商品を開発しました。〈ニューエラ〉のキャップ、〈ループウィラー〉のスウェット素材のお守り入れと腹巻き、〈ムーンスター〉と〈Whole Love Kyoto〉のコラボレーションによる雪駄形スニーカー、〈レナウン〉のダボシャツのセットアップ、〈SSZ〉の寅さんコレクション、第3作の舞台である三重県は湯の山温泉の名物・湯の花せんべい、第48作のロケ地となった岡山県真庭市勝山の「御前酒蔵元 辻本店」の日本酒、震災後間もなく寅さんが現地を訪れた神戸市長田区のビーチサンダル、複数作で登場する京都の名物「小丸屋住井」の京丸うちわ、寅さんの故郷である葛飾区柴又で作り続けられている「オビツ製作所」のキューピー人形などなど、車寅次郎に想いを込めて数々の銘品を作り上げていきました。

セイコートラダイバー

その中のひとつが、今回紹介する〈SEIKO〉の〝寅ダイバー〟です（勝手にそう呼んでいます）。オリジナルは、日本を代表する世界的な時計メーカー、〈SEIKO〉が1965年に国産初のダイバーズウオッチとして発売した〝セイコーファーストダイバーズ〟。初期の作品の劇中で寅さんがこの時計を着けていて、ファンの間でも伝説として語られてきた名機の限定復刻版です。

ちなみに「男はつらいよ ビームス篇」は、2019年暮れに公開された新作、第50作『男はつらいよ　お帰り 寅さん』に合わせた企画でしたが、こちらの〝寅ダイバー〟は、それから約1年後の11月に発売されました。夢のような話ですが、第1作の公開から50年後に復活した映画『男はつらいよ』と〈SEIKO〉のダイバーズウオッチ55周年が偶然重なったことで、ダブルアニバーサリーを祝うメモリアルモデルとして、発売することができたのです。

そんな夢のような幻のような〝寅ダイバー〟が作られた場所が、岩手県の雫石にある〈SEIKO〉が誇る高級機械式時計専門の「雫石高級時計工房」です。以前、この町を訪れた際、工房の前で記念撮影しかできませんでしたが、そこはとても静かで雄大な自然が広がる場所でした。こうした環境だからこそ、「高精度を誇る仕事に向いているのではないか」と、勝手に想像して納得しました。もちろん、厳しい自然環境下で長く暮らす岩手県の人々の忍耐力や誠実な姿勢があるからだと思います。実際、岩手県の各地域でそのようなことを感じましたし、間違いなく雫石で作られたダイバーズウオッチにも、その土地の地域性や文化が詰まっていると思います。

だからこそ、〝寅ダイバー〟を岩手県の銘品として挙げさせていただきました。郷土玩具や工芸品や銘菓のように、わかりやすく地域色が出たモノだけが、その土地の銘品だとは思いません。結局、何を言いたいかというと、工業製品でも大量生産製品でもよく見ると、その中にその土地の魅力を感じられるということ。そういうモノって、意外にあるのではというお話でした。

04

鯖缶

宮城県・石巻市

〝魚食〟は、間違いなく日本の大切な文化だと思います。日本各地には、湾やら灘やら海峡やら、さまざまな環境の海があり、それぞれに名物の魚が存在しています。それと魚料理の豊富さも日本の魅力で、ご当地の魚料理も数多あり、挙げればキリがないほどです。

そう考えると、日本人ならずとも日本は全世界の魚好きにはたまらない場所なのではないでしょうか。当の私も魚が大好物で、日本各地を巡る時の大きな楽しみのひとつになっています。それを楽しみに仕事を頑張っているようなものですから。

少し強引ですが、ここから日本の魚の代表格である〝鯖（さば）〟に焦点を当てていこうと思います。いきなり余談ですが、魚偏の漢字って凄まじい数があり、よくクイズになったり、お寿司屋さんで出てくる湯呑みにずらっと書かれていたり、日本人には慣れ親しんだものだと思います。

その中で魚偏に青と書く〝鯖〟は、青魚アレルギーの方を除いて幅広い方に愛される国民魚だと思います。日本各地の港で水揚げされ、豊富な料理のバリエーションがあり、しかも大衆的なお値段で手に入る。〝鯖〟は、魚好きからすると付け入る隙がないほどのパーフェクトフィッシュです。今回紹介するのは、三陸の良質な漁場の真近にある石巻漁港で水揚げされるご当地鯖（ブランド鯖）の〝金華さば〟です。私も頂いたことがあるのですが、脂の乗り、身の引き締まり具合と申し分ない最上級の鯖です。

また話が飛んでしまいますが、「希望の缶詰」ってご存じでしょうか。２０１１年の東日本大震災の際に、特に被害の大きかった石巻において、津波の災害後に瓦礫や泥の中から発見され避難している方々に配られた、まさに希望を繋いだ缶詰のことです。当時のことを「木の屋石巻水産」の方から伺ったのですが、その中には鯖の缶詰もたくさんあったようです。そして、お話の中で最も心に響いたのが、次のようなエピソードです。

石巻の復興を目指すにあたり、「木の屋石巻水産」の方々は過去にさまざまな震災を経験した復興地を訪問されたそうなのですが、次のようなことを各地域の方から言われたそうです。「震災の被害から立ち直るだけではなく、震災前から顕在化して良くなかったところも改善する。それこそが真の復興に繋がる」。この言葉は、私の胸にも突き刺さりました。

その後、「木の屋石巻水産」は、その教訓を生かした復興を実現します。まず、缶詰の生産拠点を内陸に移転。そして、震災前からのこだわりである冷凍された魚を使わず、石巻漁港に水揚げされる朝獲れの魚を、最低限の加工と国産調味料だけで仕上げる誠実な商品をお客様へ送り届けています。

どうりで「木の屋石巻水産」の鯖缶は美味しいはずです。大の鯖缶好きである私にとって、この鯖缶は数ある鯖料理よりも美味しいのではないかと思ってしまうほどです。異論ももちろんあると思いますが、あながち間違っていないのではとも思います。美味しい鯖の漁場を抱え、誠実で粘り強い気質を持った石巻の人たちが生み出した鯖缶。宮城県の地域性も伝える銘品を、ぜひご賞味いただけたらと思います。

05

秋田木工のスツール

秋田県・湯沢市

名作椅子と呼ばれるものは世界中にたくさんありますが、その中には日本が生んだ名作も数多く含まれます。例えば、柳宗理のバタフライスツール、ジョージ・ナカシマのコノイドチェア、渡辺力のトリイスツール、長大作の低座椅子、「松本民芸家具」のウィンザーチェアといったモノたちです。名作椅子と呼ばれるモノには、さまざまな条件や物差しがあるとは思いますが、デザインや機能といった面だけでなく、販売数やコストパフォーマンスなど、あらゆる視点で俯瞰して考える必要があるのではないかと思います。

このような視点で見ていくと、日本が誇る一脚の名作椅子の存在が浮かび上がってきます。それが秋田県の銘品として紹介する、剣持勇がデザインした「秋田木工」のスタッキングスツールです。この椅子は、1958年の誕生以来、60年以上にもわたり販売され続け、125万脚以上もの生産数を誇る大ベストセラーアイテムです。おそらく、これほどまでに日本のいろんなところで目にし、しかも現役で日常的に使われている椅子はないのではないでしょうか。

スタッキングスツールは、1958年に松屋銀座で開催された「アパート生活展」で発表されました。当時、日本では都市部に爆発的に集合住宅が増え、核家族化が進み、生活様式の劇的な変化が巻き起こっていました。いわゆる高度経済成長期と言われた時代です。そんな新しい時代にふさわしい椅子を作るべく、剣持勇は無駄のない美しいデザインと機能を兼ね備え、大量生産できるプロダクトを目指しました。そして、それを実現した「秋田木工」の技術力も本当に素晴らしいと思います。

今、改めてこの椅子をまじまじと眺めているのですが、見れば見るほどに「本当によく出来た椅子だなぁ」とただただ感心してしまいます。2本の木をU字に曲げて4本の脚とし、その左右一対を繋げた2本の木部の上に座面を載せただけのシンプルな構造のスツールですが、これを実現するのは極めて難しく、そこに木を熟知する「秋田木工」ならではの曲げ木の技術の高さが見て取れます。誰もが簡単に真似ができてしまうような技術だったら、似たような椅子が世界にもっと出回っていたことでしょう。

また、日本人好みのデザインと使い勝手の良さも賞賛したい点です。普通、このような構造の椅子を考えたなら、金属やプラスチックといった材料で作る方が簡単そうですが、あえて木材でこの形を作り上げた点も、非常に日本的です。加えて、スタッキング(重ねる)することで、簡単に片付けられるよう日本の住空間に配慮した点とコンパクトなサイズ設計も素晴らしい。本当にこの椅子について語り出すと話しが止まりません。

簡単にまとめるなら、私はスタッキングスツールを「日本家屋のような極めて日本的なモノ」と捉えています。秋田の銘品であることはもちろんですが、日本が誇る銘品として紹介させていただきます。

Column
旅にまつわるエトセトラ

1 惹かれる街の三大要素

私が惹かれる街には、三大要素と呼んでいる共通項があります。それはズバリ、「城」と「川」と「路面電車」。「城」は城址や名残を残す公園でも、もちろん構いません。「川」は小さなものでなく、できれば街の中心を流れ、一級ないし二級河川などの立派なものが理想的。そして、その昔、"チンチン電車"と呼ばれた路面電車が走っていること。どれも街の発展や文化に深く関係するものです。だからでしょうか。三大要素が揃う街は、否応なく私を惹きつけてやまないのです。

06 けん玉　山形県・長井市

手前味噌で恐縮ですが、数多くの偉業・珍業を成し遂げてきたわれらがビームス。その歴史の中で燦然と輝く記録のひとつに、2014年夏に開催されたビームスポーツフェスティバル（社内運動会）で達成した「同時にとめけんを成功させた最大人数568人（Most people catching a kendama ball）」というギネス世界記録があります（私もその一人として、とめけんを成功させています）。そして嬉しいことにその記録は、ギネスブックにも収録されました。

そのようなけん玉の世界記録ホルダーであるビームスでは、ビームスジャパン各店において山形県の「山形工房」で製作されるけん玉を長く取り扱っています。その名も〝大空〟。業界内や愛好家に広く知られる競技用の銘品です。「そもそも競技用けん玉って何？」という話ですが、日本には級・段位試験や大会を主催する「日本けん玉協会」という組織があり、そのオフィシャルけん玉としても使われています。また、「山形工房」は「日本けん玉協会」の製造指定工場であり、さまざまな種類の高度な技ができるよう、精度と品質にこだわったけん玉を熟練の職人さんの手によって、ひとつひとつ丁寧に仕上げており、生産量も日本一の認定を受けています。

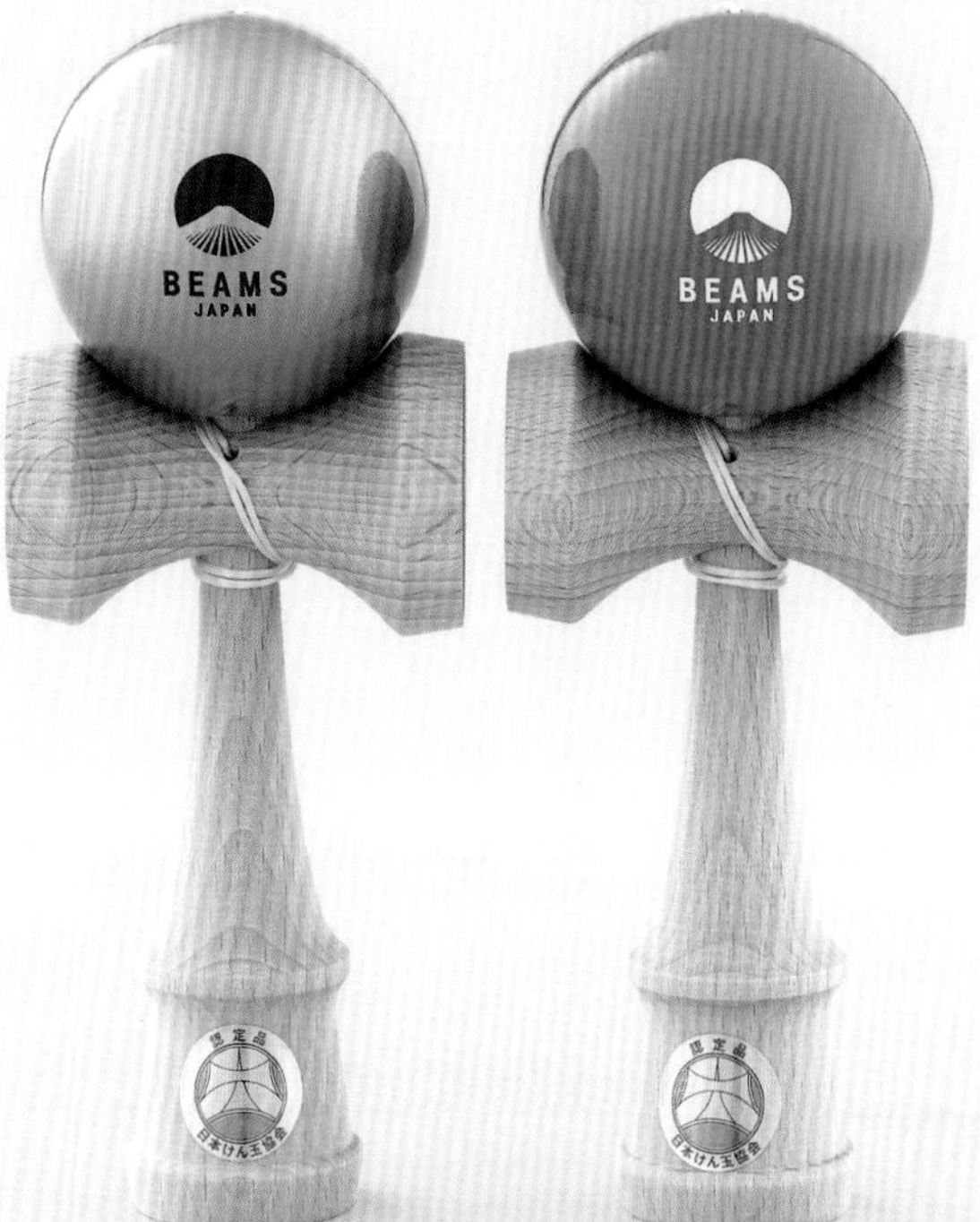
BEAMS
JAPAN
BEAMS
JAPAN
認定品
日本けん玉協会
認定品
日本けん玉協会

半分冗談ですが、世界記録ホルダーのビームスとして、「山形工房」のけん玉にこだわる理由もここにあります。そもそもなぜ、私たちがけん玉を扱うのかというと、それはやはりけん玉が日本発祥の文化であるということです。その人気は今や世界へと広がり、海外ではれっきとしたスポーツとして認知されています。日本だと懐かしい子供の玩具といったイメージを持つ人も多いですが、その評価は国内より海外の方が遥かに高いのではないでしょうか。その証拠にビームス ジャパンに来られる海外のお客様からの圧倒的な人気を誇り、入荷してもすぐに売れてしまい、店頭に並ばない時期もあったほどです。

少しだけオリジナルバージョンの説明をさせていただくと、カラフルな玉に対して、本体は目立たない木地に。最近は派手な色柄のけん玉が人気なのですが、基本に忠実なデザインと配色にこだわりました。それは、使い込むことで、血と汗の結晶ならぬストイックな努力が滲み出る木地色が最適だと考えたからです。競技用ではありますが、家族や友人たちと楽しむ時にも使っていただけたらと思います。地域色豊かで歴史も文化もさまざまな山形県ですが、ここはビームスの独断と偏見(良い意味の)で、山形県の銘品としてけん玉を挙げさせていただきます。

07　ベコ太郎べこ　福島県・西会津町

〝ふくしまものまっぷ〟という福島の魅力を県内外に発信する企画に関わることになってから、福島県に足繁く通うようになりました。ここ3年で10回以上、訪れるたびに2～4泊しながら県内の各地を廻っているので、延べ日数でいうと、1ヶ月以上の滞在になるかと思います。

そのきっかけとなったのは、原宿のカフェ「J-COOK」のオーナーであるアッちゃんから手渡された『ふくしままっぷ』という一風変わった福島県の情報誌でした。あとで本人から話を聞いたのですが、『ふくしままっぷ』に感銘を受けたアッちゃんは、わざわざ連絡してその冊子を取り寄せ、誰に頼まれるわけでもなく、響きそうな人たちに配っているとのことでした。そんなアッちゃんから冊子を預かってきてくれたのは、会社の先輩でした。日本各地の仕事に関わっている私にそれを手渡せば、「何か始まるかもしれない」と期待してくれていたみたいです。

そんな期待をよそに、私は仕事が忙しかったこともあり、「面白い冊子だな」とは思ったものの、何かアクションを起こすでもなく、机の上にほったらかしにしていました。それから1ヶ月ほど経ったある日、その先輩から「あれ見てくれた?」と話しかけられ、実際には何もしていないのに、「ビームスジャパンの店頭で配るくらいの協力はできるかもですね」と、体のいい返事をしてお茶を濁しました。その後も気になってはいたものの、日々の仕事に追われ机の上に放置すること数ヶ月。何がきっかけだったか、記憶が定かではないのですが、やっぱりどうしても気になって(申し訳ないという気持ちもあり)、情報誌の担当者の方とコンタクトを取ることにしました。

連絡をするとすぐに福島県の職員であり、『ふくしままっぷ』担当の藤田さんという方から、「すぐにでも会いたいです。東京に出向きます!」と熱い返答を頂き、トントン拍子で「J-COOK」でミーティングをすることになりました(私が放置していたせいで、期待してくれていた皆さんを待たせてしまいました。反省です)。

そのミーティングは、とても内容の濃いものになりました。まず私は藤田さんに「福島県にはあまり行ったことがなく、通り過ぎるばかり。正直なところ福島のこと

をあまり知らないです」と率直に伝えました。そして、「〝ふくしままっぷ〟や福島県のことに関わらせていただくなら、その前に福島を訪れて、しっかり自分の目で見て、感じてみたい。その上でご協力ができることがあるかを考えてみたいです」と話しました。すると、「すぐにでも福島県に来てください。僕たちがみっちりと案内します！」と藤田さん。こうして、私は東日本大震災後の福島をしっかりと見て感じられる貴重な機会を得ることができたのです。

そこからは話が早く、すぐに福島県と協働する運びとなりました。企画は最初の訪問の際、会津方面へと向かう車の中で思いつきました。「福島の魅力あるモノ・ヒト・コトを素敵なイラストで紹介するのが〝ふくしままっぷ〟。その中からモノだけを切り出して、モノを通して福島の魅力を発信する〝ふくしまものまっぷ〟というスピンオフ企画を始めたらどうだろう?」。

こうして始まったのが、福島各地のモノを定期的にピックアップし、ビームス ジャパンの店舗で紹介していくという〝ふくしまものまっぷ〟という企画です。福島県の魅力の発信はもちろん、東日本大震災の記憶を風化させないよう、少しでも長く続けられるようプランを考えました。これまで約3年で25回、数々の銘品をピックアップしてきました。その取り組みはもちろん、現在も続いています。

今回、このページでご紹介するベコ太郎べこも、そんな〝ふくしまものまっぷ〟から新たに生まれた銘品です。このモノの元になったのは、郷土玩具〝赤べこ〟をモチーフにした『ふくしままっぷ』のキャラクター、〝ベコ太郎〟。2本脚で立つ愛嬌のある〝べこ(牛)〟をなんとか立体的に再現できないか? そんな思いから商品開発をスタートさせたのですが、想像していた以上に製作は困難を極めました。

まず、〝ベコ太郎〟はあくまで〝赤べこ〟なので、愛らしく首を振るアクションが必須です。しかも、4本脚でなく2本脚で自立しなくてはなりません。そんな私の無茶な注文に真摯に応えてくださったのが、「野沢民芸」の皆さん。「福島県を代表するもうひとつの郷土玩具〝起き上がり小法師〟と合体させたらどうでしょう?」。そんなアイデアを出してくださったのは、代表の早川さん。そうすれば、自立して首も振れるし、あとは絵付けでなんとかなるのではないか。素人の安易な思いつきを実現してくださった「野沢民芸」の皆様には本当に頭が上がりません。結果、想像していた以上のカタチにしていただいたことに本当に感謝しています。

とにもかくにも〝ふくしまものまっぷ〟という企画が続いているのも、ベコ太郎べこが完成したのも、いろんな方々との縁によるものです。「J-COOK」のアッちゃん、会社の先輩、藤田さんをはじめとする福島県庁の皆様、福島県内のさまざまな作り手や事業者の方々。そして、ビームスジャパンで福島の銘品に触れてくださったお客様。みんなが貴重な縁で繋がっている、心からそう感じます。

Column
旅にまつわるエトセトラ

2 食と文化は比例関係

コレは私のモノの見方や仕事の進め方に多大な影響を及ぼした先生のような方が、よく話していたことです。当時、日本中を一緒に旅していた時、美味しそうな店を見かけるたびに、「この街は良さそうだな。さっきから気になる店が多い。この街はきっと文化レベルも高いぞ。間違いない」と言うのです。それは、街の食のレベルが高ければ、それに比例して自ずと文化レベルも高いということ。日本各地を廻れば廻るほど、まさに先生が言うとおりだなと実感しています。

08 水車杉線香

茨城県・石岡市

この「銘品のススメ」という企画を進行するにあたって、実は銘品の選定が終わっていないどころか、これまでビームスジャパンで何も取り扱ったことがない県がいくつかありました。そのひとつが茨城県であり、しかも最後に選んだのが、これから紹介する水車杉線香です。

言い訳がましいのですが、茨城県は東京から近く便利な地域ではあるものの、北関東や東北といった他の地方と併せて廻るには交通が少々不便で、実はこれまでほとんど行ったことがありませんでした。けれどももちろん、47都道府県のどこも欠けてはいけませんし、ポジティブに考えるならば、この企画が茨城県を知る良い機会になるかもしれない、そう考えることにしました。とはいうものの、私には茨城県との縁がありません。

どうしたものかと困っていた時に、以前、仕事でお世話になった茨城県出身の藤田さんという方の顔が目に浮かびました。しばらく連絡は取っていなかったものの、SNSでお互いの近況やその方が地元と積極的に関わる仕事をされていることを知っていたので、藁にもすがる思いで、藤田さんに連絡してみることにしました。すると、一緒に茨城を案内してくれるだけでなく、県庁の方まで紹介していただけることになったのです。

実際に茨城県を訪れてみると、「なんで茨城に来なかったのか、もっと早く来ていれば」と、良い意味で後悔の連続でした。挙げるとキリがないですが、その時の訪問だけでも、涸沼の和竿、大子の漆、水戸の桶、日立の納豆など、どれも個性的でそれぞれの地域の歴史と文化が詰まった数多くの魅力的なモノに出合うことができました。中でもひときわ、私が感銘を受けたのが、長年にわたり筑波山麓で作り続けられている水車杉線香でした。

かれこれ15年ほど、日本中を歩いて廻り、さまざまな現場を訪れてきましたが、そこはまさに時間が止まったような場所でした。筑波山からの清流を動力とする巨大な水車、その真裏にある小屋の中には、巨大なカラクリによる粉砕機、ほぼ手作業で行われている成形の作業場、採れたての杉の葉を一面に干している庭先、川か

自然の香り豊かな
手造り線香
水車杉線香
清明堂 謹製
IBARAKI
茨城県商工会連合会認証
水車杉線香
清明堂 謹製

ら水車へ長く続く工夫が随所に施された水路、どれも惚れ惚れするほど美しいのです。そして、回転する水車、杉葉を粉砕する臼が奏でるリズミカルで心地よい音。そうそう出会うことのできない貴重な現場に来たぞと瞬間的に思いました。

水車杉線香とは、杉葉と水だけを原料に作られる線香で、言うなれば完璧な筑波山麓メイドです。この辺りの杉は線香の材料にちょうどいい性質だそうで、杉のヤニがいい塩梅で〝つなぎ〟となり、混ぜ物をする必要がないのだそう。しかも、驚くことにそうそう折れることがないぐらい丈夫で、その性質が長い燃焼時間にも繫がり、燃え残りしないのも特徴です。

今なお明治時代から変わらない旧式の製法で作られる線香は、素朴な色合いが美しく、杉そのものの香りが嗅ぐ者を楽しませてくれます。はっきり言って、もう非の打ち所がありません。お察しのとおり、この美しい水車杉線香は、この場所でしか作れませんし、大量に生産することもできません。よって広く世に広めることは叶いませんが、少しでも多くの人に届けたい。そんな思いから、古き良き日本のモノづくりを大切に守り続ける水車杉線香を、茨城県の銘品に選定させていただきます。

09

益子焼柿釉皿

栃木県・益子町

日本には陶磁器の産地が数多くあり、それぞれの歴史も古く、特徴も豊かで、ありとあらゆるモノを作っています。個人的に思うのですが、世界広しといえども日本人ほど〝やきもの好きな人々〟はいないのではないでしょうか。日本の歴史を振り返ってみても、やきものにまつわる大きな出来事がいくつもありましたし、戦国時代以降の日本人の暮らしの変遷を見ていく上でも、とても重要なモノだと考えています。日本には伝統的な仕事が他にもたくさんありますが、やきものほど今でも日常的に使われ、日本人にとって馴染み深いものはないのではないかと思います。

そうしたこともあって、日本には数多くのやきものの産地が点在しています。挙げだすとキリがないですが、誰しもの頭に浮かぶ産地といえば限られてくるかもしれません。そのひとつが、栃木県の益子ではないでしょうか。産地の特徴を一括りで片付けてしまうのは好きではないですが、やはり益子といえば、民藝系の窯元や作家の方々の仕事が魅力です。

ご存じの方も多いと思いますが、ここで簡単に益子の歴史を紐解いてみようと思います。益子は江戸末期から続く産地ですが、さらに古い歴史を持つ隣町の笠間に影響を受けてその仕事が始まり、当時の生活必需品であった水瓶や鉢や壺といった大物粗陶器を生産していました。昭和に入り、プラスチック製品が出回るようになると、他産地と同様にその勢いは衰えましたが、民藝運動の中心人物であった濱田庄司が益子に工房を構えていたこともあり、彼に影響を受けた地元の作り手や全国から集まる作家によって実用食器や作品が数多く世に送り出され、今でも日本を代表する産地として、その名を知られています。

益子は民藝に興味のある私にとっても特別な産地のひとつで、これまでも何度も足を運び、さまざまな作り手の仕事を見てきました。もちろん自宅でも愛用していますし、それなりに益子焼の魅力を理解しているつもりでいます。しかし、冷静に考えてみると、人には「好み」というものがあって、素朴な益子のやきものをあまり好まない、中には苦手な方も数多くいるわけです。そうしたお客様の感想や意見は商品の仕入れや企画を行う私にとって、非常に重要です。また、それと同じぐらい、お客様がまだ知らないモノの魅力を紹介し、少しでも好きになっていただくキッカケを作るのも、重要な役目だと常日頃考えています。そんな思いから、益子焼のディテールのひとつに焦点を当て、商品開発を行うことを考えました。

益子焼の魅力といえば、民藝の教えに基づく「用の美」、素朴で味わいのある土質、質実剛健な使い勝手、そして柿釉と呼ばれる茶褐色の風情ある釉薬(からなる色目や質感)です。その要素が重なると、どうしても重たい印象(もちろん、それを好む方もいます)になってしまうので、柿釉の魅力を最大限に生かし、少しでも軽やかな印象を持つ器を目指すことにしました。と、書くのは簡単ですが、実際に形にするのは大変です。

このアイデアを実現してくれる作り手として、すぐに思い浮かんだのが、益子の陶器メーカーである「つかもと」さん。ミッドセンチュリー期の北欧の陶器を参考にして、できる限りシンプルな形状、シーンを選ばない汎用性、日常の食卓を頭に思い浮かべながら、一緒に企画を練っていきました。

そうして完成したのが、こちらのごくごく普通な柿釉のお皿です。今後、さらにサイズ展開を増やし、一人でも多くのお客様に届けていきたいと思っています。目指すのは、日々の食卓で一回でも多く活躍するモノ。そんな現代の「用の美」ともいえる銘品をこれからも作っていけたらと思っています。

10 絹のボディタオル 群馬県・みどり市

　群馬県桐生市周辺は、高品質な絹織物の一大産地として知られています。周知のとおり、絹織物なくしては日本の近代化はなかったといわれるほど、昔も今も重要な産業です。話が少し飛びますが、そんな桐生市のある群馬県をはじめ、茨城県、栃木県といった北関東と呼ばれる地域は、西日本で生まれ育った私にとって縁遠い存在でした。この「銘品のススメ」という企画を通じて、初めて北関東を深掘りし、各県の魅力にようやく気づくことができたことは、大きな副産物だと思っています。ちょっと気が早いですが、いずれ「北関東展」をビームス ジャパンで開催したいと思っているぐらいです。

　話を群馬県に戻します。群馬の銘品候補を探し始めた時に、やはり絹製品は見過ごせないと思いました。前述のとおり、群馬県のみならず日本にとって絹製品はとても意味のあるモノですし、日本の魅力や文化を発信するビームス ジャパンとして、

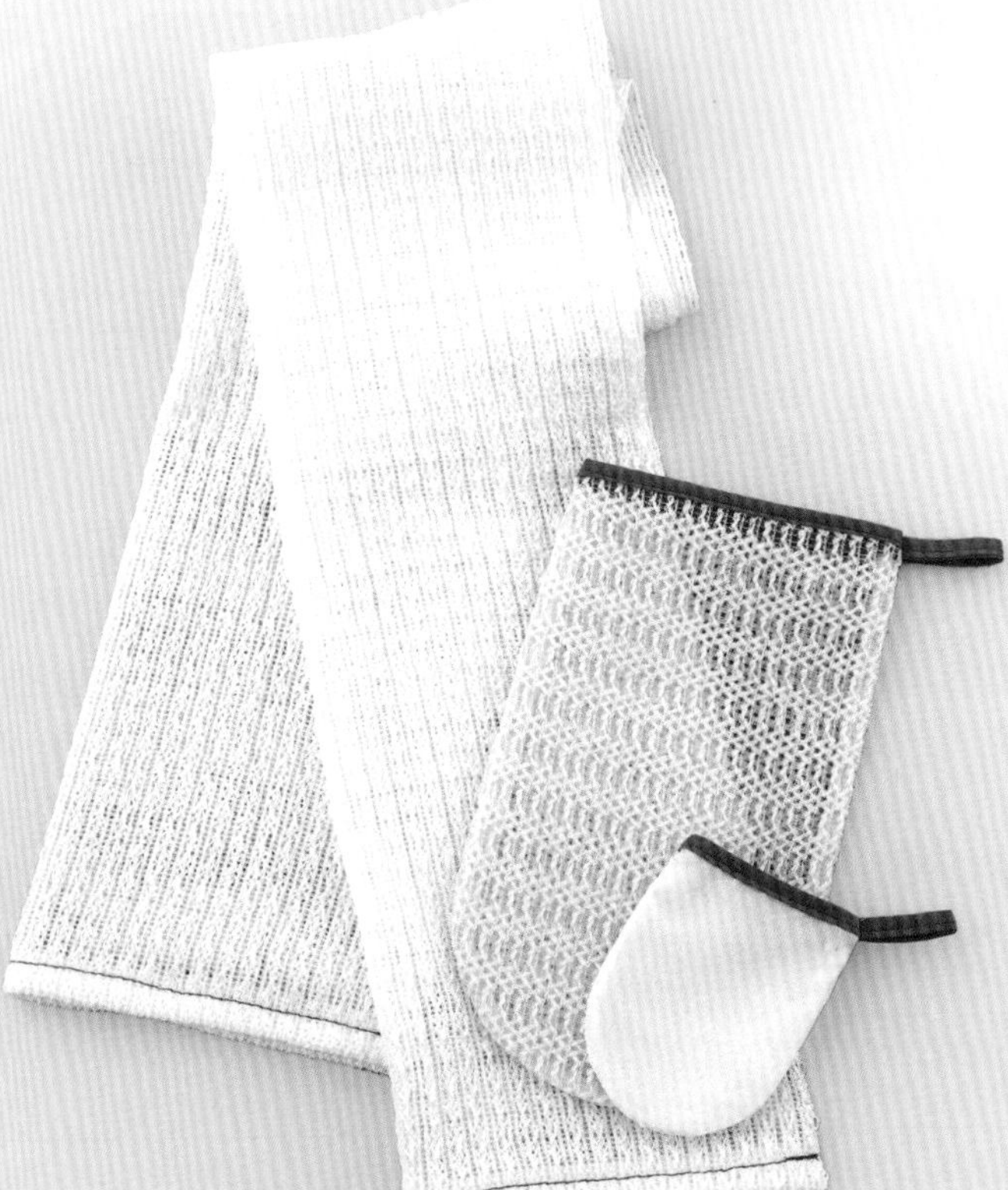

絹製品の銘品を探すことにしました。そんな折に同僚であるバイヤーの太田さんが見つけてきてくれたのが、絹のボディタオルでした。正直、最初はあまりピンときませんでしたが、太田バイヤーを信じて、まずは実際に使ってみることにしました。もともと、すべて手洗い用の石鹸で入浴を済ませてしまうほど美容に無頓着な自分が果たして、その良さを実感できるのか？ 最初は半信半疑でしたが、何日か使っていくうちに、なんとなくその良さが実感できたのです。このなんとなくというのが実は重要で、大概においてその勘が当たるのです。

早速、なんとなくの理由を探るべく、絹のボディタオルを製造する桐生市に隣接するみどり市の「ミヤマ全織」さんを訪ねることにしました。話を聞くと、日本が誇る絹の一大産地でさえ、今では国産の絹を使うことが少なくなり、ほとんどの会社が外国産の絹糸を仕入れて製品を作っているとのことでした。また、ライフスタイルが大きく変化する中で、絹の用途も変わり、同社も絹を使ったボディタオルを作るようになったということでした。

日本でも珍しいボディタオル専業メーカーである「ミヤマ全織」の歴史は古く、今から65年前にアカスリの製造から出発したそうです。石鹸が普及していなかった時代に生まれたアカスリは、もともと着古した着物を再利用して作られていたそうで、絹素材が一般的だったそうです。しかし、時代が進むにつれ、アカスリはボディタオルへと進化し、ナイロンやポリエステルといった化学素材を使ったモノが一般化するようになったというわけです。

しかし、ここ最近は自然素材を使ったボディタオルが人気で、巷でもよく見かけます。綿や麻、和紙繊維など、それぞれの素材には良さがあり、使う方の肌質や好みもあるので、その良さは比べられませんが、ここでは絹の魅力について書きたいと思います。そもそも絹とは、蚕の繭から引き出される繊維のこと。〝セリシン〟という絹に含まれる成分は人肌にも良く、脂汚れを程よく取ってくれるのが特徴です。ちなみに「ミヤマ全織」の製品に使われる絹糸は、国産で群馬県内で加工されたものだそうです。また、先細っていく養蚕業の未来を見据えて、なんと蚕の飼育も始められたというではないですか。こういうお話を聞くと、俄然応援したくなりますし、一人でも多くのお客様にその製品を届けたいと心より思います。日常をより豊かに、美しく健康に過ごすために。群馬県の銘品として、絹のボディタオルをオススメさせていただきます。

一一　武州の藍染めセットアップ　埼玉県・羽生市

日本で藍染めの産地として、名前がよく挙がるのは阿波（徳島県）ですが、昔は日本各地に産地がありました。中でも関東きっての名産地として知られたのが、武州こと現在の埼玉県です。埼玉県羽生市近郊には、今でも藍染め製品のメーカーが点在しており、ここで銘品として紹介するのは、そんな武州の藍で染められたジャケットとパンツのセットアップです。

このアイテムを製作してくださった「野川染織工業」は、糸染めや製品染めといった工程から、織り、縫製までを一気通貫で生産できる貴重なメーカー。剣道着をはじめとする本格的な刺し子生地も手がけています。

私は気になるモノが見つかると、できる限り産地を訪れ、作り手の方のお話を聞き、可能な限り生産現場を見せていただいてから商品の仕入れをしたり、企画を一緒に進めていくのですが、知り合いに紹介していただいた「野川染織工業」の場合は、モノを見るよりも前に「まず生産現場を見せてもらいたい！」と直感的に思いました。

早速、現場を訪れると、バッチリ勘が当たりました。丁寧で誠実な仕事を目の当たりにして、興奮醒めやらぬうちに、早速、工場内の小さなデスクで商品企画会議がスタートしました。いくつかのサンプルを見せてもらいながら、ビームス ジャパンにフィットしつつ、武州藍の伝統や歴史を語れるようなアイテムを考え、試作品を待つことになったのですが、ここで満足しないのがビームス ジャパン流の商品企画です。日本を代表するプロダクトである藍染め、その産地として知られた武州、伝統の武道着や作業着から転用した面白い企画だったのですが、何か物足りなさを感じてしまったのです。

そんな時、並行して進めていた別企画と掛け合わせたら面白いのではないかと閃きました。それは、〝忍者ビームス ジャパン〟という、忍者の道具を現代の日本各地の銘品で表現するという何年も前から温めていた企画でした。忍者といえば、隠密行動を行う特殊な技能を持った集団で、映画の中のスパイのような存在です。そんな彼らが使用する特殊機能を持った道具を、現代的な解釈で再現するハイブリッドなアイテムを作れないかと考えていたのです。

ブシュウノアイゾメセットアップ

例えば、擦ると書いた文字が消えるペン、絞れば瞬時に乾き何度でも使えるタオル、速乾性で肌触りも着心地も良い機能素材のTシャツ、伝統的な調味料や材料で出来た携帯用のお菓子など。日本の名メーカーや名産地で作られた銘品って、現代の忍者道具じゃないか。そんな思いから、ラインナップの中に武州の藍で染めたセットアップを加えることにしました。

防虫、消臭、保温、紫外線防止など、さまざまな機能や効能を持つ藍染め。それ自体、十分忍者グッズに相応しいアイテムです。もしかしたら本物の忍者も藍染めの羽織を纏っていたかもしれません。余談ですが、この企画〝忍者ビームスジャパン〟のアイコンは、日本人なら誰でも知る人気キャラクター、忍者ハットリくん。きっとこのセットアップをハットリくんが着たら、似合うに違いないだろう。そんな妄想からこの藍染めのセットアップが生まれました。勝手な思い込みですが、こういうイメージとかアイデアってモノづくりにおいて大切なんじゃないかと思います。

12

萬祝染ビジネスケース

千葉県・鴨川市

鴨川の伝統的な染物である萬祝染のことを知ったのは、「匠プロジェクト」という日本全国の職人さんを総合的にプロデュースして紹介する企画に関わった時のことでした。日本橋で開催されたその表彰式を訪れると、47都道府県の代表者のブースが設けられていて、「これ全部見るの?」というぐらい圧巻のボリューム。腰が引けてしまうほどでしたが、早速片っ端から見せてもらうことにしました。

さすがは日本全国から集まった選りすぐりの職人たちです。いくつも気になるモノがあって目移りしてしまいます。そんな中で出会ったのが、千葉県代表として参加されていた萬祝染の若い職人さんでした。大漁を祝う〝長着(ながぎ)〟と呼ばれる派手な長丈の半纏を着ていたので、会場でもすごく目立っていたのですが、話しをしていて、「素晴らしい職人さんに違いない」とすぐに確信が持てました。

再会を果たしたのは、それから3年後のこと。自宅からJRの横須賀線と外房線を乗り継ぎ、4時間弱かけて電車でいざ鴨川へ。萬祝染の作り手である「鈴染」さんを訪ねました。過去の資料や写真を見せていただきながら、房総半島の文化や歴史に触れているうちに、例のごとくアイデアが降ってきました。

そもそも萬祝染は、江戸時代の終わり頃、房総半島で生まれた漁師の晴れ着のこと。豊漁を祝い船主が船子へ配ったというその着物には、漁業の様子や鶴亀、恵比寿・大黒天など縁起物が染め抜かれているのが特徴で、この風習は昭和の半ばまで続いたそうです。ちなみに、江戸時代に庶民の服装を制限する「奢侈禁止令(しゃしきんしれい)」が出された頃には、江戸からたくさんの絵師が鴨川周辺に流れてきたそうで、そのおかげで、質が高く粋な絵柄が受け継がれてきたそうです。いずれにせよ、萬祝染とは成功を祝うモノ。そこからアイデアを広げていって考えたのが、ノートパソコンなどが収納できる萬祝染のビジネスケースです。出世や合格など、祈願成就を象徴する絵柄として、出世魚である鰤(ブリ)、大物という意味を込めて龍、そして幸せの象徴である鶴亀を選ばせてもらい、一から型を彫っていただき、オリジナルの絵柄を製作してもらいました。そして、さらに加えてもう一捻り。縁起物の張子の達磨のように、龍や鶴亀の目をあえて描かず、願いを達成した際に自分で描き足せるような仕掛けも施してもらいました。そうして生まれたのが、千葉県指定伝統的工芸品の技とビームス ジャパンの現代的なアイデアが融合した萬祝染のビジネスケースというわけです。これを持てば出世や成功は間違いなし! 信じるか信じないかはお客様次第です。

13　ゴールドキューピー　東京都・葛飾区

開業時から変わらぬ人気商品として、ビームスジャパンの顔のひとつになってくれているのが、メイド・イン・トーキョーのゴールドキューピーです。そのベースとなったキューピー人形との出合いは、ビームスジャパンが開業する少し前のこと。元ビームスの角川さんから、日本で唯一、キューピー人形を作り続ける「オビツ製作所」の新しいキューピー人形を見せていただいたのが、そのきっかけでした。

キューピー人形といえば、ペールオレンジのボディにかわいらしい顔を思い浮かべる方も多いと思いますが、角川さんが私に見せてくれたのは、全身真っ黒。顔がないのに不思議と愛嬌のあるキューピー人形でした。それを見た私は、「ビームスジャパンのオープンの目玉にできないか」とその場ですぐに角川さんに相談したのでした。

もともとキューピーはアメリカ発祥のキャラクターですが、戦後になるとアメリカへの輸出品として、その人形の多くが東京の葛飾区界隈の玩具工場で作られていたそうです。余談ですが、「オビツ製作所」のように、東京の下町にはまだまだ町工場がたくさんあって、このキューピー人形が東京製であることも強く惹かれた理由

ゴールドキューピー

のひとつです。東京の玄関口のような街である新宿に新しくオープンするビームスジャパン。その目玉になる東京製のアイテムを探していた私の前に颯爽と現れたのが、真っ黒いキューピー人形だったというわけです。

もちろん、そのままでも十分にかわいかったのですが、「オープンのめでたい場所に黒はどうなんだろう?」「パッと映える色の方がいいな」と考え、頭の中に思い浮かんだのが、金色に輝くキューピー人形でした。日本も海外の方もゴールドは好きだろうし、オープンしてしばらくの間、お店を賑やかにしてくれれば、そんな軽い気持ちで思いついたアイデアでした。

まさかそれがオープンして数日後にほとんどのサイズが完売、発売して5年経った今も愛されるロングセラーになるなんて想像もしていませんでした。見慣れたキューピー人形が真っ金金になったことで、「輝かしい未来」とか「金運が良くなるかも」なんて具合に、お客様にいろんな解釈をしてもらうことで、ありがたく、めでたいモノになったのではないでしょうか。もしかすると、ビームスジャパンのこれまでの成功も、ゴールドキューピーのご利益のおかげかもしれません。

その後、暗闇でぼうっと輝く蓄光素材のキューピー、クリア素材のキューピー、代々栄える縁起物のオレンジ（橙）色のキューピーも製作。ビームスジャパンのオリジナルキューピー人形は、現在4代目まで続いています。もちろん、すべてメイド・イン・トーキョー。というわけで、「オビツ製作所」のキューピー人形を、東京を代表する銘品に選定させていただきたいと思います。

Column
旅にまつわるエトセトラ

3 何よりも口コミ

日本中を廻りながら、これだけいろいろなモノを仕入れていると、「その情報はどうやって？ どこからですか？」とよく人から聞かれることがあります。別に隠し立てすることは何もないので、正直に話すと、情報源はいろいろです。営業を受けることもあれば、テレビや雑誌などで知ることもあれば、旅の途中で偶然に見つけることもあります。しかし、僕にとって最も有力な情報は、信頼している人の口コミです。SNSは確かに便利ですが、少し情報過多な気もしています。

14 鎌倉彫　神奈川県・鎌倉市

「銘品のススメ」の中で、最後の最後まで決まらなかったのが、神奈川県の銘品でした。神奈川県に住んで18年ほどになりますが、日本全国をあちこち廻るのに精一杯で、地元のモノに触れる機会が実はほとんどありませんでした。しかし、47都道府県からひとつずつ銘品を紹介するという企画を遂行する以上は、神奈川県からも銘品を探さなくてはなりません。

しかし、神奈川県はその魅力を一括りで語れるような県ではなく、横浜市、川崎市、横須賀市、小田原市、箱根町など挙げればキリがないほど、個性的な文化を持った地域から成り立っています。本当にいろいろ考えましたし、いろんな人に情報を聞き、方々を巡りもしましたが、一向に決め切ることができません。それならば、自分が15年来暮らす鎌倉で銘品を探してみよう。そう思い腹を括ることにしました。

鎌倉といえば、言わずと知れた全国屈指の観光地。歴史や文化も特徴的ですし、魅力的なモノがたくさんあります。「コレはすぐに見つけられるだろう」。そう高を括っていたのですが、これまた一筋縄ではいきません。他県の銘品とのバランスを取りつつ、鎌倉ならではの銘品を選ぼうと考えていくと、これまたなかなか決め切ることができません。そう思い悩んでいた時、頭の片隅に浮かんだのが、鎌倉が誇る伝統的な手仕事として知られる鎌倉彫と呼ばれる、彫りの造形が特徴的な漆器でした。

最近はありがたいことに、日本各地の産地からお声がけいただくようになり、自分から作り手にアプローチすることが少なくなっていました。しかし、自分が暮らす街だというのに鎌倉彫には全くツテがありません。そこで、ツテがないことを前向きに捉え、何度も目の前を通ってはいるものの、一度も訪れたことがない「鎌倉彫工芸館」を突撃してみることにしました。アポイントも取らず、いきなり伺ったので、工芸館の方は驚かれましたが、ビームスジャパンのこと、神奈川の銘品を探していることをお話しすると、嬉しいことにとても快く対応してくださったのです。

鎌倉彫の起源は、今から800年ほど前の鎌倉時代。幕府の繁栄とともに栄えた禅宗寺院の仏具に端を発するといいます。工芸館の方によると、中国と盛んに交流のあった禅宗の影響で〝堆朱〟と呼ばれる漆を何回も塗り重ねた厚い層に彫刻を施した仏具や漆器が大陸より伝わり、鎌倉彫はそれを当時の鎌倉の仏師たちがアレンジし、作り始めたモノということでした。

漆を何層も塗り重ねたあとに彫るのではなく、木に文様を彫ってから漆を塗って仕上げるという手法によって生まれたという鎌倉彫。これまで鎌倉のイメージと勝手に重ね合わせ、質実剛健という言葉で表される力強い美を作品に感じていましたが、その成り立ちを聞いたことで、作品の中に日本人が得意とするアレンジ力や柔軟さが隠されていたことを知り、鎌倉彫がさらに自分の中で興味深く魅力的なモノとして目に映るようになりました。

「鎌倉彫工芸館」を訪ねたことで、改めてその魅力を知ることができた鎌倉彫。現在、工芸館の方や作り手の方々とビームスジャパンが関わることで、新しい鎌倉彫を生み出すことができないか作戦を練っている最中です。商品の完成には、もう少し時間がかかるかもしれませんが、他の漆工芸とは違う鎌倉彫の新たな魅力を引き出すために、これからも皆さんと企画を進めていくつもりです。

15 アルプス三徳缶切り 新潟県・三条市

日本有数の金属加工業の産地として知られる新潟県の「燕三条」。意外と知られていないのですが、その呼称は燕市と三条市の2つの名を合わせたものです。余談ですが、新幹線の駅名は「燕三条駅」で、高速IC名は「三条燕IC」。どちらも譲らないライバル同士といった印象を受けます。それはさておき、昔から燕三条にはずいぶんとお世話になっていて、洋食器を仕入れさせてもらったり、産地の方とオリジナルのカトラリーを企画したこともありました。

当然、日本の銘品を扱うビームスジャパンとしても燕三条の金属製品を扱わない理由はなく、早速産地を訪れることにしました。目当てのモノがいくつかあっての産地訪問だったのですが、その時偶然（必然だったかも）出合ったのが、「プリンス工業」のアルプス三徳缶切りでした。

いつもお世話になっている「和平フレイズ」さんのショールームで久しぶりにあの缶切りを見つけて、「これ懐かしいですよね。僕も一人暮らしを始める時に、実家から持ってきて今でも使ってますよ」と話しをしているうちに、気になって「まさか、燕三条で作ったものじゃないですよね？」と担当の方に馬鹿みたいな質問をしてしまいました。

「エッ!? もちろん燕三条で作ってますよ。社長が双子の『プリンス工業』っていって、地元では有名な会社なんですよ」と担当の方。全国津々浦々のスーパーマーケットや百円ショップなどで見かけることもあり、勝手に海外製だと思い込んでいたのです。その話を聞いて、「これこそ日本の銘品ですよ!」と興奮気味に話した私は、早速「プリンス工業」を目指すことにしました。

実際に現場を訪れてまず驚いたのは、想像以上に手間がかかっていることでした。もちろん機械を使って作られているのですが、〝手の延長である機械〟(勝手にそう呼んでいます)で、手作業に近い感覚で製作されていました。そう、一点一点、丁寧に作られた缶切りが市場では数百円で売られているというわけです。

余計なお世話ですが、このような銘品はしっかりとした仕事に見合った価格で販売されるべきではないかと思いました。塗装のカラーや仕上げを現代的にアップデイトしたら、もっと良い値段で販売できるのではないか。そんなふうに考え、渋いシルバーとナチュラルな印象のアイボリーの2色をチョイス。ビームスジャパンの富士山ロゴを目立つ場所にしっかりと刻印したオリジナルモデルの製作をお願いしました。

それからしばらくして届いたイメージどおりのサンプル品を見て、これはちゃんとした価格で売れると確信しました。現在、ビームスジャパンでは新色の橙色も含めて、アルプス三徳缶切りを税込み５５０円で販売していますが、おかげさまでロングセラー商品となっています。スーパーマーケットや百円ショップで売られている同じ商品の数倍の価格です。極端にいえば、ただ色が違うだけの商品かもしれません。しかし、やはり良いものは、適正な価格で販売されるべきだと私は思います。

完成されたデザイン、何十年使っても壊れない耐久性、そしてクオリティーに対して消費者が安いと思う良心的な価格。アルプス三徳缶切りは、まさにその三拍子揃った銘品なのです。

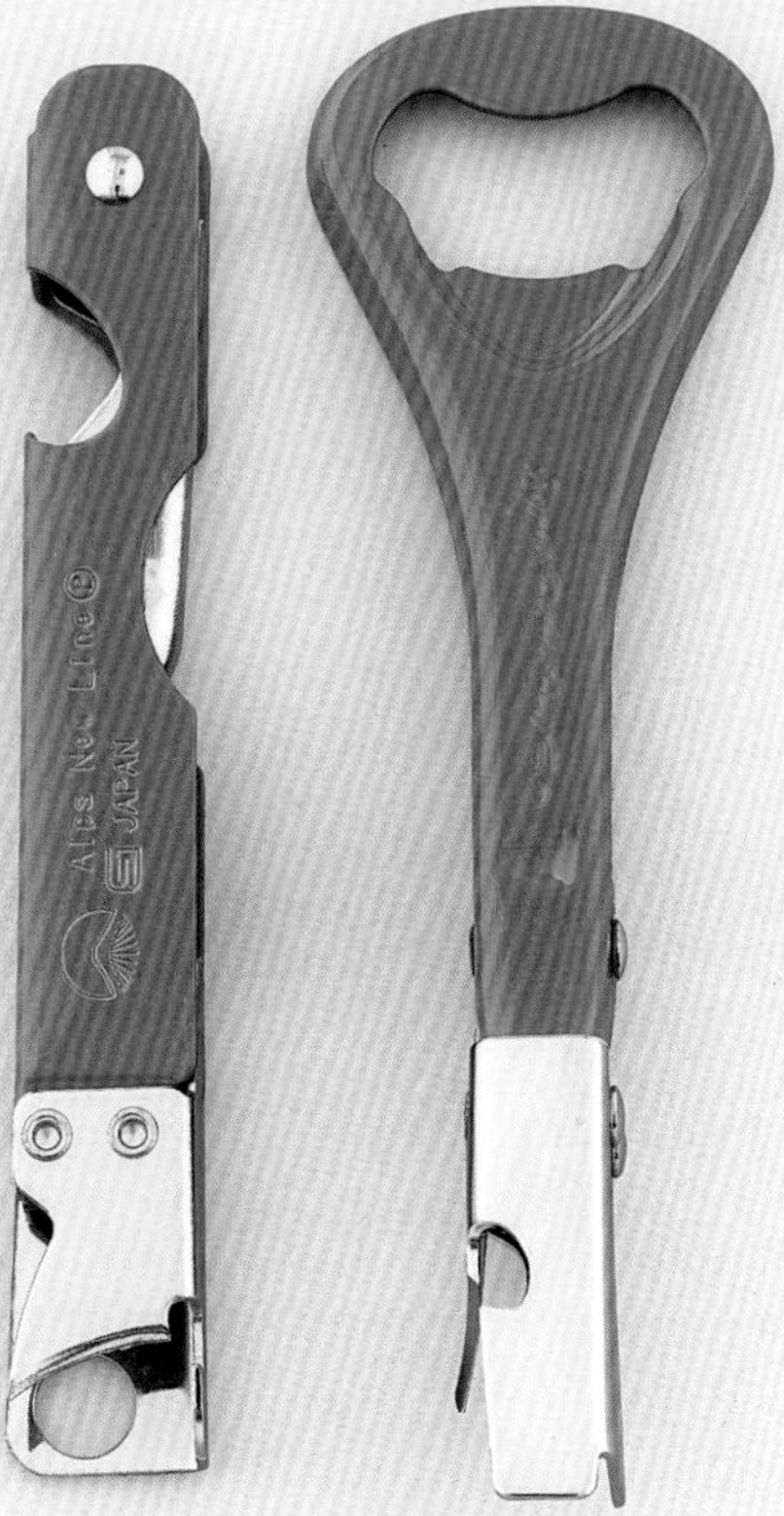

アルプスサントクカンキリ

16

香炉

富山県・高岡市

江戸時代より加賀藩の城下町として栄えた富山県高岡市は、日本を代表する鋳物の産地として知られています。今も風情のある街並みが残るこの街のシンボルといえば、イケメン大仏として親しまれている高岡大仏。奈良、鎌倉の大仏と並んで日本三大仏として知られる高岡大仏は、高岡銅器の技術を象徴する仏像であり、日本を代表する銅器の産地である高岡市が誇る名所です。

ということで、富山県を代表する銘品として紹介したいのは、この街で作られる鋳物の香炉（線香立て）です。そう、日本中のお寺をはじめ仏壇で、誰もが一度は見たことがある、あの金色の香炉です。古くから当たり前のように存在しているモノなので見過ごしてしまいがちですが、よく見ると無駄のない美しいカタチをしています（私も実家の仏壇にあったのに見過ごしていました）。

そんな香炉と私が改めて出合ったのは、鋳物産業に関わる若い職人さんたちで構成される「高岡伝統産業青年会」がビームス ジャパンに期間限定で出店することになったのがきっかけでした。

現地調査のため高岡を訪れた際に、いろんな鋳物製造や販売の現場を見せていただいたのですが、その時、現地を案内してくれた事務局のメンバーに、家業が香炉専門の鋳物製作所の方がいらっしゃいました。

早速、リサーチを兼ねて仕事場に伺わせていただいたのですが、現場で別人のように作業を仕切られるその方の姿を見て、「さすがだなぁ」と惚れ惚れしたのを今でもよく覚えています。そして、できたてホヤホヤの金色に輝く香炉を現場で見た瞬間、お世辞抜きにその美しさに感動し、その場でビームス ジャパン用にごくごくシンプルなモノを発注させていただきました。

何でもそうですが、思い込みを改める機会というのは本当に大切だなと思います。今度もしどこかで、香炉を見る機会があったら、ぜひじっくりと見つめてみてください。きっと今まで見過ごしてきた美しさを見つけられるかもしれません。

17 珪藻土コンロ　石川県・珠洲市

地球が作り上げた銘品といっても過言ではない珪藻土コンロ。中でも地中から切り出したそのままの土の塊を削り出して成形していく〝切り出し〟と呼ばれるコンロや七輪が実に素晴らしいのです。

ちなみに珪藻土とは、簡単にいうと植物プランクトンの死骸が海底や湖沼に堆積したもの。白亜紀以降の地層から産出される、珪藻の化石から出来た岩石です。このページで紹介する珪藻土コンロの生産地である能登半島は、世界でも類を見ない良質な珪藻土の産地として知られています。専門的な話なので、私が説明するのもおこがましいのですが、珪藻土にはミクロの空孔が無数にあり、そのおかげで底や側面が熱くなりすぎることなく、食べ物を美味しく焼き上げることができるのだそうです。そして、見た目よりも重量が軽いことも利点でしょう。まさにコンロのためにあるような素材といえるかもしれません。

余談ですが、私の故郷は松阪牛で有名な三重県松阪市なのですが、ホルモン焼きの発祥は松阪という説もあるぐらい、街中はホルモン屋さんだらけで、幼い頃より焼き肉やホルモン焼きに馴れ親しむとともに、珪藻土コンロを使ってきました。その頃はまさか珪藻土コンロが特別なモノで、ごく限られた産地で作られているとは思いもよりませんでした。

そんな私が珪藻土コンロと改めて再会したのは、今から約3年前の夏のこと。能登半島の鍛治屋「ふくべ鍛冶」さんを訪ねるために、宇出津へと向かう旅の道中でのことでした。立ち寄った道の駅で偶然、珪藻土コンロを見つけ、初めてその産地が能登半島であることを知ったのです。

目的としていなかったモノやコトに触れる機会は突然やってきます。だからこそ、現場に足を運ぶことって大切だなと思います。その日の夜、泊まった民宿で能登牛を頂いたのですが、今度は立派に使い込まれた珪藻土コンロと再会。その肉の美味しさが忘れられず、その存在が頭の中に強く刻み込まれました。

それから約1年後。縁あって石川県から仕事を頂き、能登半島を再訪することとなりました。いつか絶対に現場を訪ねたいと考えていたので、県の担当者に生産者

BEAMS
JAPAN

である「能登燃焼器工業」さんをご紹介いただき、念願の珪藻土コンロのモノづくりの現場へと向いました。その訪問は、私の現場体験の中でも指折りの記憶として、今も強烈に印象に残っています。

「まずは材料の採掘現場を見てもらうのが早いでしょう」と、「能登燃焼器工業」さんに到着するやいなや採土場に突入です。事前に「汚れてもいい服を着てきてくださいね」と言われていたので、それなりの服も心も準備ができていたつもりだったのですが、その体験は想像以上のものでした。

「まずは着てください」とヘルメットと上下セットの合羽と長靴を渡され、言われるがまま着て、採土場に向かうとそこは原始的な横穴。粘土層の地中に染み込んだ水が滴り落ちる、びっしょり濡れたトンネルでした。採土場のトンネルはジグザクに奥深く掘られているのですが、驚くことにほぼ人力で掘られていて、その総延長は数キロメートルにも及ぶと聞いて、さらなる衝撃を受けました。

辿り着いた最奥部の採土場で実際に人力による珪藻土の切り出しを見せていただいたのですが、職人さんの手には長いノミが一本。小気味良いリズムで、珪藻土を綺麗なブロック状に切り出していきます。それは本当にもう驚くほど見事な手さばきで、完全に手作業です。実際に現場で珪藻土を切り出す体験をさせてもらったのですが、ノミを通して伝わってくる土の感触が忘れられない体験となりました。その後、削り出したブロックを保管する場所や成形する作業場、焼き上げる窯を見せてもらったのち、ビームス ジャパン仕様のコンロを発注させていただき、世界に向けて発信する銘品がまたひとつ増えました。

実はこの能登製の珪藻土コンロ。ここ数年、海外(特に欧米)で人気らしく、このままいくと海外に輸出される数の方が多くなるかもしれないです。それはそれでとても素晴らしいと思うのですが、もっと多くの日本人にその存在を知ってほしい、そう思います。使うことで実感が湧く、珪藻土コンロ。能登半島の自然が産んだ素晴らしい銘品です。

18 越前焼タンブラー

福井県・越前町

意外と知られていないかもしれませんが、福井県は日本屈指の工芸が盛んな地域です。ＪＲ福井駅に降り立つと、すぐに目に飛び込んでくるのが恐竜で、県を挙げて「恐竜王国」としてＰＲしていますが、その陰に隠れて実は工芸王国でもあるのです。

日本の伝統文化の中心地である京都に隣接するその立地も、大いに影響していると思われますが、工芸品の主原料となる天然素材に豊富に恵まれた自然環境、丁寧で忍耐強い県民性のおかげもあってか、福井県では品質の高く幅広い分野の工芸品が今も作り続けられています。同県は、かつての越前国と若狭国から構成されており、現在では嶺北（主に越前国）と嶺南（主に若狭国）と呼ばれる地域に分けられます。その２つのエリアに、越前焼、越前漆器、越前和紙、越前打刃物、越前箪笥（指し物）、若狭塗、若狭めのう細工という、７つの伝統的工芸品の産地が点在。ひとつの県の中にここまでレベルの高い工芸の産地がある場所は、日本広しといえども他にないと思います。

そんな福井県が誇る7つの伝統的工芸品の商品開発と魅力を発信する「FUKUI TRAD」という一大プロジェクトに、２０２０年から翌年にかけて関わることになりました。

正直なところ、一気に7つの工芸に関わるのはとても困難で大変でした。これまでに蓄えたアイデアとコネクションを最大限に生かし、関係者の皆さんと全力で取り組むことで、いい形でプロジェクトを終えることができました。

今回、紹介する越前焼のタンブラーは、このプロジェクトがきっかけで生まれたものです。やきものに興味のある人であれば、一度は耳にしたことがあると思いますが、越前は日本六古窯のひとつに数えられる窯業地です。おそらく通向けの渋い趣の無釉や灰釉のやきものを思い浮かべる人も多いのではないでしょうか。実際に今でもそうしたものが数多く作られ、やきもの愛好家から人気を博しているのですが、パッと見が渋いせいもあり、万人受けするようなものではありません。もちろん、万人受けするモノなんてありえないのですが、一人でも多くの人に越前焼の素晴らしさを知ってほしいと思い、新しい企画がスタートしました。

最初に考えたのが、越前焼の本質を損なうことなく、その魅力をいかにわかりやすく伝えるかということ。キメ細かく粘り強い良質の赤土が可能にする、他の産地のモノとは一線を画す薄作り。打ち合わせの時に極端なまでに薄作りされた皿を見せてもらい、それをもっと日常使いできるモノに転用できないか？　そう考え、ガラ

スコップのようなタンブラーの試作をお願いすることにしました。これまでの経験上、見た目も実際の質量も重いモノ、過度な釉薬の表情や過剰な絵付けのモノは、お客様から敬遠されることを知っていたので、できるだけシンプルで軽くて主張しないやきものを目指すことにしたのです。

その仕上がりにはとても満足していますが、実際にそれを判断するのは、使い手であるお客様です。発売してまだ間もない商品なので、その反応がとても楽しみです。また、これまでの越前焼とは違う印象と特徴から越前焼を超えたモノという思いを込めて名前を付けました。その名も〝越越前(えちえちぜん)タンブラー〟。ぜひ一度、現物を手に取ってもらえたらと思います。

Column
旅にまつわるエトセトラ

4 交通安全ステッカー

いつからか日本各地の神社やお寺で分けていただける「交通安全ステッカー」を集めています。旅の途中でなるべく参拝するようにしていて、その街に挨拶するような感覚で日本各地の神社を訪れています。「交通安全ステッカー」は、その証とでもいうべきモノ。集めるうちに、それぞれ特徴豊かでデザインも素敵なことに気が付いたのです。なにより"事故"は交通上のものだけでなく、仕事や恋愛などでも起こりうること。できるだけ避けたいですからね。

19 洋傘　山梨県・西桂町

最近、つくづく思うのは、日本は東京を中心に回りすぎていないかということ。日本のありとあらゆるモノが集まり、東京は日本全国どこに行くにも便利な街。もちろん、私もその恩恵を受けている一人なのですが、過剰なまでの東京への一極集中が心配になるほどです。そんな利便性のおかげもあって、東京から遠く離れた地域にばかり気をとられ、ついつい見過ごしがちなのが、東京の近県。今回ご紹介するのは、そんな近県のひとつである山梨県の銘品です。

山梨といえば、ブドウやワイン、伝統工芸品の「印伝」などが有名ですが、東京のとある展示会で、富士山の麓にある富士吉田市や西桂町の一大産業であるジャカード織物と出会いました。この辺りといえば、食いしん坊の私には吉田うどんぐらいしかイメージがなく(地元の皆さん、申し訳ございません)、恥ずかしながら、日本屈指の織物の産地であることを知りませんでした。

その展示会で知り合った「槙田商店」の洋傘の織り柄と配色がどれも素敵で、織物について知識のない私が見ても、かなりの技術と経験から生まれる仕事だということがすぐにわかりました。

以来、電車で山梨県を通り過ぎるたびに、傘のことをふと思い出すなど、ずっと気になっていたのですが、残念ながらなかなか現地を訪れる機会に恵まれませんでした。しかし、それからしばらくして、とあるキャラクターの仕事で別注の傘を作ることになり、ようやく「槇田商店」に伺うことができました。残念ながら、その企画はボツになってしまったのですが、その時見せていただいた製作現場や伺った話がとても興味深く、それからまたしばらくして、今度はビームス ジャパンのオリジナル傘を作ってもらうため、「槇田商店」を再訪しました。断っておきますが、好物の吉田のうどんを食べたくて出かけたわけではありません。しかしながら、ご当地の食を体感(堪能)するのも、とても大切な仕事だと思っています。

話を戻しますが、こうして完成したのが、ビームス ジャパンのシンボルである富士山柄の傘です。富士山をモチーフに2つの柄を企画しましたが、どちらも「槇田商店」さんのデフォルメ具合が素晴らしく、粋で愛らしい仕上がりに。富士山傘を、富士山を望む産地で作れたのです。とても感慨深いものがありました。南都留郡・西桂町という織物産地の技術とセンスが存分に生かされて作られる洋傘。こちらを山梨県の銘品に選定したいと思います。

20　七味唐辛子　長野県・長野市

古くから「一生に一度は善光寺参り」と言われるなど、日本でも屈指の人気を誇る長野市の善光寺。長野と聞くと、この名刹を思い浮かべる人も多いのではないでしょうか。その創建は644年。仏教史上でも珍しいどの宗派にも属さない寺院として、その参道は国内外からの参拝者で年中賑わっています。

話が少し飛びますが、全国の蕎麦屋や定食屋で目にする七味唐辛子の容器を頭に思い浮かべてみてください。赤と金を基調にしたブリキ缶に唐辛子と建物が描かれているのですが、実はこの建物、善光寺なのです。なぜ、善光寺が描かれているのかというと、もともと七味唐辛子は漢方薬の一種であり、寺社の参道で売られることが多く、実は日本各地にも似たようなモノが存在しています。では、なぜ善光寺がパッケージに描かれた信州の七味唐辛子がこれほど全国に広まったのでしょう？

ここからは個人的な推測になりますが、全国的な観光地である善光寺のお土産であり、日本随一の蕎麦の産地である信州産であること。そして、生産者（メーカー）の方の営業努力があったからではないかと思います。

日本各地の歴史や文化を象徴する銘品を扱うビームスジャパン。いつかはこの七味唐辛子を扱ってみたいと思っていたところ、なんと縁あって善光寺の七味唐辛子メーカー「八幡屋礒五郎」さんと知り合うことができたのです。初めて事務所へ伺った際、いつものことですが、いきなり厚かましく「ビームスジャパンの定番土産になるような七味唐辛子を作っていただけませんか！」とお願いしました。まずは味から。ビームスジャパンのある新宿の街をイメージして、ただ辛いだけでなく、刺激的で派手。しかも、老若男女に受けるような味わいにしてほしいと頼みました。続いてはパッケージ。恐れ多くも、善光寺の建物をビームスジャパンの建物に差し替えてほしいとオーダーさせてもらいました。

そんな私の無茶な要望に快くに応えてくださった「八幡屋礒五郎」さん。私のイメージに合わせ、七味唐辛子の原材料を再調合。また、縁起のいい橙色の鮮やかさを強調するために、陳皮（柑橘の皮）を多めに配合し、オリジナルフレーバーを完成させてくれました。もちろん、パッケージも善光寺から、ビームスジャパンへと変

BEAMS
JAPAN
Blending Seven Spices
物名
七味

わっています。こうして、「ここに新たな新宿土産が誕生したのです！」と言うと、少し大袈裟に聞こえるかもしれません。しかし、長い年月を経て本当の定番になるかもしれません。もしかしたら、日本各地の新しい銘品も、こうしたちょっとしたことがきっかけで生まれているのかもしれません。

Column
旅にまつわるエトセトラ

5
道の駅は宝の山

貴重な情報源のひとつとして、「道の駅」があります。都会でない地域を旅していると、必ずといっていいぐらい遭遇します。そんな「道の駅」は、ちょっとしたお土産を買うにも、小腹が減った時にも、トイレ休憩にも、とても便利で旅人には欠かせない存在です。また、ところによっては新鮮な食材や日用品を豊富に扱い、地元の人の生活に根ざしていたりもします。「道の駅」は、特産品などの情報を得るのはもちろんですが、地元の空気を掴むにも最適な場所なのです。

21 寿司湯のみ　岐阜県・美濃市

ビームスジャパンという新たなプロジェクトを立ち上げる時、これまでのビームスとは違う切り口で、日本の良いモノを紹介することができないかと考えました。まず、モノだけではなく実体として存在しないコトを扱いたい。例えば、イベントやサービス、情報などを商品にできないか？　そして、これまでビームスであまり扱ってこなかったジャンルの商品にも挑戦したいと思いました。食品やお酒、電化製品や調理道具はもとより、いずれは車や家も販売したいと妄想しています。そして、最後に身近にありすぎてその良さが見過ごされてきた日用品やお土産などに光を当てること。浅草や京都といった観光地の土産物屋で売られているような「ＴＨＥ土産物」的なアイテムを改めて見直し、ビームスが企画というかたちで関わることで、新たに生まれ変わるモノがたくさんあるのではないかと考えたのです。

そのひとつが、土産物屋でよく見かける寿司湯のみでした。魚偏の漢字、歴代首相や有名戦国武将の顔、相撲の決まり手、あるいはご当地にちなんだデザインまで、挙げればキリがないほどの多彩なバリエーションが存在します。回転寿司店から高級寿司店まで、古くから幅広く使われてきた由緒正しきモノですし、私たち日本人にはお馴染みのアイテムです。それならばと、寿司湯のみの生産地を探してみることにしたのです。

調べる前は、もしかしたらほとんどが海外製なのではないかと半信半疑でしたが、いざ探っていくと今でも国内で大半が製造され、岐阜県の美濃地方が主要な産地であることがわかりました。美濃といえば、古くからやきものの産地として知られ、日本を代表する日用食器の一大産地。その地で作られる美濃焼は、一見特徴がないように言われます。しかし、逆にいえばさまざまな技法を実現できる高い技術力と品質を守りながら大量生産を可能にする背景があり、あらゆるテイストに対応できる柔軟性を持っている産地ともいえます。

やきものの話をすると、人間国宝を何人輩出したとか、民藝の窯場だとか、特徴的な技法やスタイル、地域性や手仕事の話になりがちですが、目立たないけれど日本人の生活を下支えしている産地が日本各地にはたくさんあって、そういうやきも

ビームス ジャパン
とろ TORO
Fatty Tuna
いくら IKURA
Salmon Roe
海老 EBI
Shrimp
鯖 SABA
Mackerel
鮑 AWABI
Abalone
烏賊 IKA
Squid
サーモン SAMON
Salmon
秋田
山形
福島
茨城
石川
福井
山梨
長野
奈良
和歌山
鳥取
島根
佐賀
長崎
熊本
大分

のももっと評価されるべきではないかと思います。

そして、美濃という産地は、その典型的な産地ではないかと私は思っています。すっかり前置きが長くなってしまいましたが、だからこそ、現在も大量にこの地で作られる寿司湯のみを日本の銘品として紹介したいのです。一見、何でもないように見えますが、本当に素晴らしいモノだと思います。シンプルこの上ないフォルム、どんな柄や文字を載せても様になる寛容性、手に持った時の安定感、そして寿司屋の風景に欠かせない存在感など、その魅力を挙げだしたらキリがありません。

何よりこの湯のみでいただく寿司屋の〝あがり（お茶）〟って美味しいですよね。日本人の遺伝子に組み込まれたかのごとく、私たちの生活に欠かせないモノのひとつだと思います。ちょっと褒めすぎだろと思われるかもしれませんが、あながち間違いでもない気がするのです。

22 型染め　静岡県・浜松市

世界には、古来、布や紙を染めるさまざまな染色技法が存在します。身を飾るため、生活に彩りを添えるため、あるいは特別な機能を付与する染色まで、パッと思いつくだけで、浸染、捺染、抜染、型染め、絞り、筒描、友禅（手描き）、シルクスクリーンプリントなど、ひとくちに染色といっても実にバラエティに富んでいます。

もちろん、日本にも地域の特色を生かした染物が数多く存在します。例えば、武州（埼玉）の藍染め、江戸（東京）の小紋、京都の友禅、有松（愛知）の絞り、奄美（鹿児島）の泥染め、沖縄の紅型など、その範囲を織りにまで広げていくとキリがないほどです。そんな数多ある産地の中で、今でも染物の生産が盛んな地域のひとつが、静岡県の浜松市周辺です。温暖な気候を生かし、古くから木綿の生産が盛んだったこの地域の染物は、「遠州木綿」と呼ばれ、繊維産業で培った技術は、のちに楽器やオートバイ、自動車産業に繋がっていったといわれています。

少し話が逸れますが、静岡を代表する染色家に芹澤銈介がいます。工芸や染織に興味のある方であれば、名前を聞いたことがあるかと思いますが、民藝運動の中心的人物の一人であり、「型絵染め」を芸術の域にまで高めた人間国宝として知られる工芸家です。そして、そんな彼の仕事を支えたのが無名の職人たち。その技術が静岡だけでなく、やがて全国へと伝播していくことで、日本の染物産地に影響を与えていったといわれています。実際、私も芹澤の影響を受けたという作家の方たちとお会いしましたが、皆さん素晴らしい仕事をされています。

前置きがすっかり長くなりましたが、今回紹介する〈kata kata〉の型染めは、間接的に芹澤銈介の影響を受けながらも、独特の世界観をカタチ作っている点に魅力を感じています。あくまで個人的な見解ですが、型染めの魅力は手で描いた柄を改めて型で彫り、その型に糊を置き、刷毛で染めることにより、滲みや柔らかさが自然に生まれるところにあるのではないかと思います。もともとは、大量生産のために考えられた手法ではあるのですが、その自然な味わいを楽しむための技法ともいえるのではないでしょうか。

型染めは型を彫る前の下絵からスタートしますが、〈kata kata〉の描く絵や柄はと

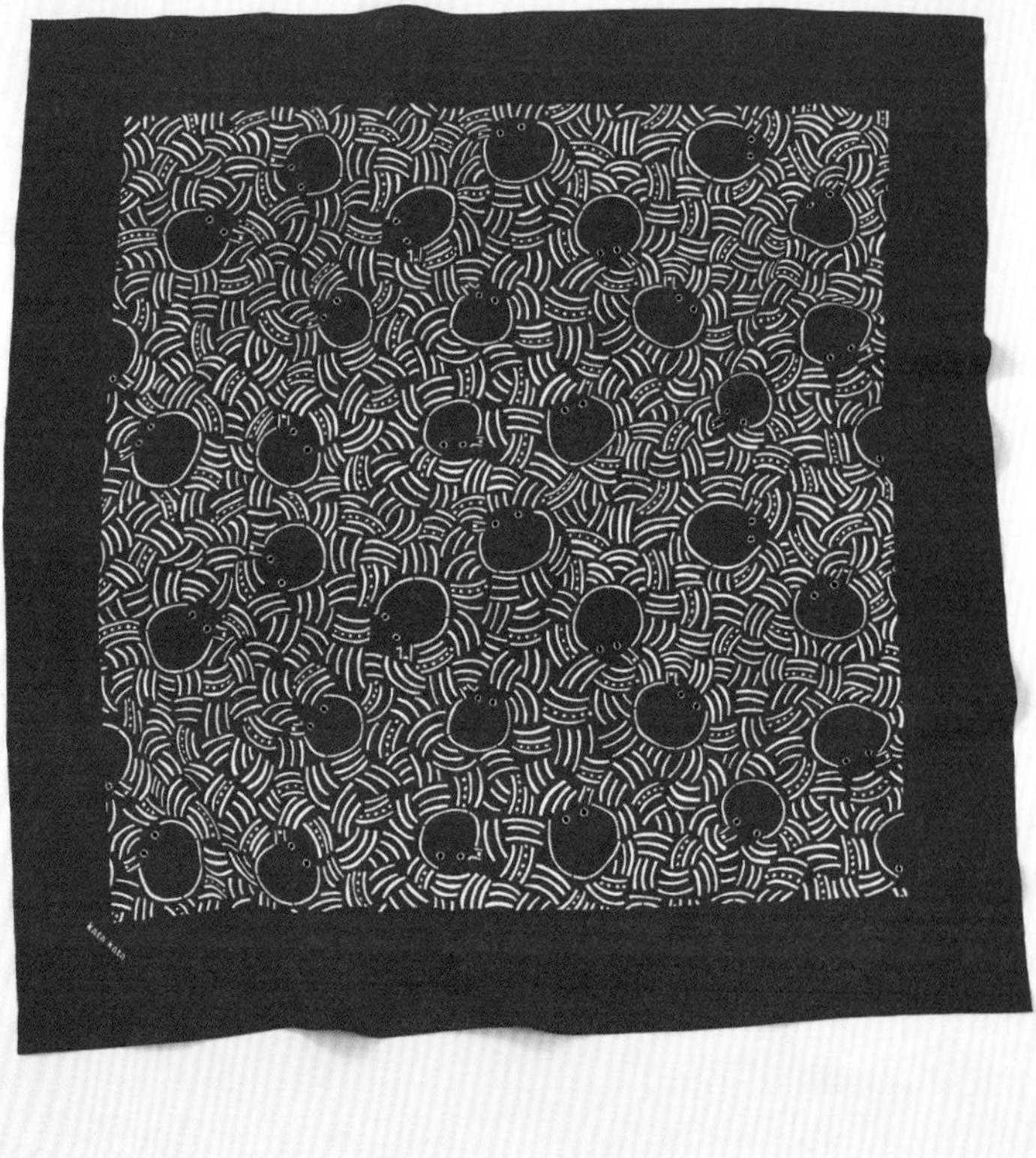

ても楽しげで自由です。その絵を型で彫り、その型を通して布が染められると、これがさらに良い雰囲気になるのです。作り手の頭の中には、完成形が想像できているのかもしれませんが、私のような素人はいつも大したものだと感心するばかりです。彼らに限らず、モノを生み出せない私のような人間にとって、職人さんや作家さんの存在はいつも偉大です。

〈kata kata〉の型染めはどれも魅力的ですが、特に動物をモチーフにしたモノが愛らしく、まさに老若男女から受け入れられる染物だと思います。加えて、飽きがこないどころか、使い込む込むことで愛着が増していくのも型染めの魅力。今回、静岡の銘品として〈kata kata〉の型染めを紹介させてもらいましたが、型染めそのものが日本が誇る銘品だと思います。

23 瀬戸焼まねき猫 愛知県・瀬戸市

商売繁盛の縁起物として、商店の軒先に飾られるだけでなく、ここ最近は猫好きの間でインテリアアイテムとしても愛されている、まねき猫。発祥は江戸時代といわれていますが、その由来には諸説あり、日本各地で作られていることもあって、猫だけになかなか掴みどころが難しい代物です。

余談ですが、商品を企画する人間からすると、猫グッズは鉄板アイテムで、他の動物モチーフの追随を許しません。歴史上、古くから人間のパートナーとして愛されてきた犬ですら、猫には敵いません。

まねき猫に話を戻すと、ポーズや毛色によって、ご利益が違うのも人気の秘密かもしれません。ご存じのとおり、左手を上げているモノは人を招き、右手を上げているモノはお金を招くといわれています。また、白色は開運、黒色は魔除け、赤色は病除け、黄色や金色はさらなる金運、そして、最近見かけるようになったピンクのまねき猫は、恋愛運にご利益があるといわれています。また、上げている手が高ければ高いほど遠くの福、大きな福を招き寄せるなんて話も。まさに、猫にあやかり放題。なんとも日本人らしい欲張りな縁起物です。

そんなまねき猫の中で、ビームス ジャパンが銘品として紹介するのは、瀬戸焼のまねき猫。昔からやきもの（陶磁器）のことを総称して「瀬戸物（せともの）」と呼ぶぐらい、愛知県瀬戸市は日本屈指の窯業地として知られています。

そんな瀬戸市でまねき猫を製作されている窯元の中から選ばせていただいたのが、「中外陶園」さんのちょっとリアルな表情をしたまねき猫。当時の上司に紹介されてビームス ジャパンのオープン直前に現場を訪ねたのですが、商品構成もほぼ固まりつつあったのと、あまりに定番すぎる土産物だったこともあり、実はそこまで関心は高くありませんでした。

しかし、出合った瞬間に一目惚れ。今まで見てきたまねき猫とは全く違う飄々とした顔、なんともいえない丸まった背中のラインやフォルム。「これは猫好きじゃなくとも、手元に置きたくなる！」とビビッときてしまったというわけです。そこでまたまた厚かましく、ビームス ジャパンのオープン記念に特注で橙色のまねき猫を

作っていただけないかと早速お願いすることにしました。ちなみに橙色（オレンジ）はビームスが大切にしてきた色であり、古来日本では「代々（だいだい）栄える」と言われてきた縁起のいい色でもあります。

オープンに間に合わせるべく、急ピッチで試作品を上げていただいたのですが、もともとの愛らしい顔付きとフォルムに、パンチのあるカラーが相まった橙色のまねき猫を初めて見た時の感動は今でも忘れられません。

結果はといいますと、オープンして数時間で即完売。ありがたくも想像を超える人気を博し、その後しばらく店頭に並ばない時期が続きました。その製作には職人による丁寧な仕事が必要とされるために、生産が追いつかなかったのです。ビームスジャパンのオープンから5年が経ちました。デビュー当初ほどではないものの、橙色のまねき猫は今も変わらず人気者。今日も店頭で皆さんを手招きしています。

Column
旅にまつわるエトセトラ

6
男はつらいよ

この本の中でも、何度か登場する映画『男はつらいよ』。ご存じのとおり、主人公の車寅次郎は渡世人という旅人です。日本全国を隈なく商売で旅し、時には恋のため、他人のために奔走する、私の憧れの人物です。縁あって山田洋次監督にお会いできる機会があり、「意図的に日本各地の美しく貴重な原風景を劇中に残していらっしゃいますよね」とお話しさせていただきました。ちなみにですが、コラボ企画「男はつらいよ ビームス篇」をとても喜んでくださり、褒めていただいたのは一生の想い出です。全国を廻っていると、かなりの頻度でロケ地に遭遇するのですが、それほどに各地を舞台にされたということだと思います。この一年だけでも、群馬県は中之条、東京都は式根島、岡山県は勝山、鹿児島県は奄美大島など、いろんな場所で寅さんの影を追いかけることができました。「だから何なの？」という話ですが、全国の寅さんファンなら、私の思いをきっと理解してくれるはずです。

24 松阪もめん　三重県・松阪市

県としての知名度はイマイチかもしれませんが、三重県には全国にその名が知られる市や地域が数多く点在しています。その昔、「実はそれ、ぜんぶ三重なんです！」というキャッチコピーがあったのですが、言い得て妙だなと感心した覚えがあります。例えば、日本屈指の化学工業地帯である四日市市、Ｆ１日本グランプリが開催される鈴鹿市、忍者の里として知られる伊賀市、神宮を中心に栄える伊勢市、真珠や海女さんで有名な鳥羽市、雨が多いことで知られる尾鷲市、熊野古道が通る熊野市、そして世界的ブランドである松阪牛が名産の松阪市など、そのすべてが三重県にあるのです。

「三重県のことをよく知っていますね」と言われそうですが、実は私、生まれも育ちも三重県松阪市の人間なのです。そんな私が三重県の銘品として紹介するのは、地元松阪市の伝統的産品である松阪もめんです。えこひいきしていると思われても仕方ないのですが、三重県が全国に誇る銘品として松阪もめんを紹介させていただきたいと思います。

松阪もめんの歴史は古く、その起源は江戸時代にまで遡ります。そして、それは大阪商人と近江商人に並び、日本三大商人と言われた伊勢(松阪)商人が江戸で成功を収めるのに欠かせない商品でもありました。当時、江戸では庶民の間で「松坂嶋」と呼ばれる縞柄の着物が大流行し、松阪商人たちはそれを元に金融業などのビジネスを起こし、莫大な財を築いたそうです。そう、松阪といえば、三井家発祥の地。三井高利が日本橋に開いた「越後屋」は、のちに日本初のデパート「三越」となり、三井財閥は日本経済の中心的な役割を果たしました。

つまり、私も含めてファッションビジネス界の大先輩にあたるのが松阪商人であり、その主要な商品が松阪もめんだったというわけです。また、既製品の店頭販売や店名(今でいうブランド)を露出する広告、そして流行に合わせた商品企画など、現代の小売業では当たり前とされる手法を生み出したのも、実は当時の松阪商人たちでした。

こうした歴史的背景も面白いのですが、松阪もめんはモノとしても魅力的です。江戸時代から引き継がれた縞柄は、今見ても粋な感じがしますし、藍を中心にした天然染料による美しい色合いも魅力的です。そして、昔ながらに丁寧に織られた木綿の生地は堅牢です。しかし、その分、どうしても高価になってしまい、現在では主に和装の世界でしかその姿を見ることができず、同じ松阪の名産品である松阪牛の陰にすっかり隠れてしまっています。残念ながら、私が子供の頃から普段使いされるようなモノではなかったと記憶しています。

そんな松阪もめんと私が関わることになったのは、2019年のこと。松阪市から直々に松阪もめんのリブランディング事業を相談されたのです。これまでもさまざまな日本の産品に関わってきましたが、地元ということもあり、俄然やる気になる一方、実はプレッシャーも相当感じていました。幼い頃より目にしてきた松阪もめんですが、正直なところ今回のお話を頂くまで、あまり良いイメージを持っていませんでした。ごく限られた人たちが好むもので、ビームスジャパンで扱うのは難しい。あえて手を出すようなモノではないと、心の中でずっと距離を置いてきたのです。

しかし、光栄なご指名を受けたからには、なんとかせねばなりません。大切な伝統を守りながら、何か新しいことに挑戦できないか。そんなことを考えている時にふと思いついたのが、伝統的な美しい藍色の縞柄の上に、さらに柄を載せるというアイデアでした。堅い印象の縞柄にあえてポップなプリントを施すことで、その堅いイメージを中和できないかと考えたのです。しかし、当然のことながら作り手やメーカーさんから抵抗があるだろうと思いました。せっかく丁寧に織り上げた生地にプリントを載っけるわけですから、私が逆の立場だったら気分的に良くないことは容易に想像がつきます。とはいえ、今回はビームス ジャパンとしての企画です。「ぜひともやったことのないことに挑戦しましょう」と関係者の皆さんの説得に向かったところ、想像していたような抵抗も反発もなく、松阪商人の血がそうさせるのか、皆さん新しいチャレンジに賛成してくれました。

次はプリント柄です。ここでも悩みました。悩んだ末にアーティストやイラストレーターに精通する元同僚である桑原さんに相談したところ、私のイメージにドンピシャの方を紹介してくれました。アーティストの金安亮さんです。松阪の歴史や文化をイメージして、松と牛と鈴、濃色の縞柄に載せても違和感のないシンプルなイラストをリクエスト。嬉しいことにイメージどおりの図柄が上がってきました。ここまでは、完璧です。

残すは、肝心の松阪もめんの柄を決める企画のみです。柄を選ぶに際し、いろいろとサンプルを見せていただいたのですが、最近の縞柄は藍染めを強調したグラデーションのモノばかりでした。しかし、江戸時代の「縞帳」の中には多彩色の縞柄が数多く存在していました。現在の縞柄より、ずいぶんと自由で派手な印象です。それを見た私は「コレだ」と思いました。早速、「こういう色柄を復活してほしい！」と伝えると、皆さんの表情が一斉に曇りました。どうやら一筋縄ではいかないようです。しかし、私はあきらめません。「どうしたら、実現できますか」とさらに畳み掛けると、松阪もめんの手織伝承グループ「ゆうづる会」の方たちのお力を借りればできるかもしれないということでした。

松阪もめんには、大きく分けると手織と機械織があり、前者は「ゆうづる会」をはじめとする個人の作り手さんが、後者は唯一のメーカーである「御絲織物」さんが生産しています。私が選んだ柄は、差し色に絶妙な鶯色が使われており、それを機械織の染色で再現できるかどうかという課題がありました。そこで、鶯色の染色を「ゆうづる会」の方に手仕事でお願いし、藍の染色と織りを「御絲織物」さんが担当されてはどうかという提案をしてみました。「御絲織物」の社長は、私のアイデアに賛同してくれましたが、「ちょうど『ゆうづる会』が忙しい時期なのでどうだろうか」とおっしゃいます。

Matsusaka Momen
Beams Japan
Matsusaka
Momen

こうなると、もう私がお願いに伺うしかありません。早速、松阪市の担当の方にアポイントを入れていただき、翌日「ゆうづる会」の会合に参加させてもらうことになりました。数十人の織り手の方々を前にし、企画を説明するのは、さすがの私も緊張しました。皆さんが大切にしている松阪もめんにプリントを施すだけでなく、その色だけを染めてほしいと身勝手なお願いをするのです。反発を食らうのも覚悟の上での訪問です。しかし、私の真剣な思いが伝わったらしく、「ゆうづる会」の方たちは、糸を染めることを快諾してくれたのです。

こうしたさまざまな紆余曲折を経て、松阪もめんを使ったデイリーアイテムが完成しました。おかげさまで売れゆきも好調で、想像していた以上の反響を得ることができました。しかし、今回のアイテムはあくまできっかけにすぎません。ここを入り口に、ぜひ昔ながらの松阪もめんにも興味を持っていただけたらと思っています。作り手と私の思い、そして技術が折り重なって生まれた今までにない松阪もめん。新しい三重県の銘品ができたと自負しています。

25 信楽焼たぬき　滋賀県・甲賀市

ビームスジャパンでは日本各地の縁起物を取り扱っていますが、以前から気になっていたのが信楽焼のたぬきでした。私は小さな頃からそれをよく見ていましたが、正直なところあまりいいイメージを持ってはいませんでした。日本にはまねき猫や達磨をはじめ、本当にさまざまなご利益のある縁起物があって、その地域でしか売られていないモノもたくさんあります。全国的な知名度を誇る信楽焼のたぬきは、陶器店やお土産物屋さんなど日本のどこでも売られているモノですが、なぜだか最近あまり人気がありません。あくまで個人的な意見ですが、古臭い食堂や居酒屋の軒先に置かれたモノという印象が強く、そもそも自宅に飾るモノという発想が湧かないのかもしれません(信楽の皆さん、申し訳ありません)。

とある仕事で信楽へ伺った際も、小さな頃の記憶と変わらず、道沿いの商店の外で無防備に信楽焼のたぬきが売られていました。売られているというより、放置されているといった方がいいかもしれません。おそらく、閉店後も店内にしまわれることなく、置きっぱなしにされているのでしょう。しかし、朝になっても盗まれるようなことがない。残念ながら、これが信楽焼のたぬきの置かれている現状かと思います。

しかし、ビームスジャパンに関わるようになって、私自身のモノへの視点が変わったこともあり、信楽焼のたぬきを面白いモノだと感じるようになったのです。それは、作られた背景と時代性です。モノの話をすると、素材や地域性、作り手のことばかり気にしがちですが、それと同じぐらい時代性も重要ではないかと思っています。「た（他）をぬ（抜）く」という意味で商売繁盛の縁起物として昭和の高度経済成長期に愛された信楽焼のたぬき。また、その憎めない愛らしい姿は、八相縁起という縁起を表しています。

昭和生まれの私は、その欲張りな姿にまだ日本がイケイケだった頃の記憶を重ね合わせ、長く低迷の続く現代だからこそ、信楽焼のたぬきを再び人気者として流行らせたいと思ったのです。お節介にも新商品の開発を思いついた私は、早速、信楽へと向かうことにしました。

しかし、信楽焼のたぬきは、すでに完成されたモノですし、これまでにもさまざまなバリエーションが作られてきました。正直、手を加える余地はほとんどありません。そこで考えたのが、最もスタンダードなスタイルの信楽焼のたぬきをビームスジャパンのキーカラーである橙色に変更するというアイデアです。これまでも書いてきましたが、橙色は古くから子孫繁栄や家運隆盛を意味する縁起のいい色。縁起物をさらに欲張りに仕立てようと考えたのです。

自分の中でかなり盛り上がってしまったこともあり、親指サイズの小さなモノから、小学生の身長ぐらいの大きいモノまで、全8サイズをいきなり大量別注。当時、次々とヒット商品を生み出していたものの、さすがに上司からも「調子に乗りすぎじゃないの？」と言われ、さらに燃えた記憶があります。結果として上司の助言にも耳を貸さず企画を進めたのですが、当然売る自信もありましたし、売らなきゃダメだという思いが強くありました。余談ですが、生産者の方も「コイツ、大丈夫か？本当にビームスのバイヤーか？」と、どうやら心配してくださっていたみたいです。良い人ぶるわけではないのですが、元気のない生産現場や産地を活気付けるのも、私たちビームスジャパンの使命だと考えていたからです。

結果はというと、発売して3年経った今でも売れ続け、すでに3500体以上の信楽焼のたぬきがお客様の元へと旅立っていきました。嬉しいことに、産地にはオシャレな雑貨店などからも注文が入るようになったそうです。微力ながら、産地の役に立ててこんなにも嬉しいことはありません。

そして、最後にもうひとつエピソードを。それは、たまたま私が店にいたときのこと。信楽焼のたぬきを興味深い様子で見ている若いカップルのお客様がいらっしゃいました。恐る恐る話しかけてみると、なんと信楽のご出身とのこと。「ビームスが地元の名産品である、たぬきを取り扱ってくれて嬉しい。しかも、特注までしてくれるなんて」と嬉しい言葉を頂き、さらに「地元にいる父親にプレゼントするためにお店に来ました」というではないですか。この仕事をやってて本当に良かったと心から思いましたし、涙が出そうでした。いや、実際に目が潤んでいたかもです。まさか、送料までかけて信楽に住むお父さんにたぬきを贈るために、わざわざ店に来てくれるなんて。本当に嬉しい出来事でした。

古くて新しい信楽焼のたぬき。これからも日本を代表する縁起物として末長く愛され続けることを心より願ってやみません。

26 京丸うちわ

京都府・京都市

〝京都は京都〟。京都のことを知れば知るほどにそう思います。極端なことをいえば、京都は日本の一都市であるものの、日本から独立した場所であるかのような錯覚を覚えることがあります。私が説明するまでもなく、東京よりもずっと長く日本の政治や文化の中心でありましたし、今でも日本の良いモノすべてが集まっている場所といっても過言ではないと思います。

特に伝統的な仕事に関しては、間違いなく日本の最高峰。そうしたこと自体が京都の地域性といえるのかもしれませんが、「京都らしさ」や「京都ならでは」といったことを語るような言葉を、私はまだ持ち合わせておらず、圧倒的な歴史の厚みや重さを前に沈黙してしまうほどです。はっきりいって、京都の銘品を集めるだけで一冊の本が簡単に出来てしまいます。正直、他のどの県よりも銘品のセレクトに迷いました。よって、今回は私の独断と偏見で京丸うちわを銘品としてご紹介させていただきます。

京都には今も独自の文化や風習が色濃く根付いていますが、京丸うちわは京の花街文化において欠かせないモノ。もともとは芸妓さんや舞妓さんが夏のご挨拶にとお得意先に配る名入りのうちわで、花街に行く機会がなくとも京都の街中で一度は見かけたことがあるのではないでしょうか。私は京都の飲食店で壁に飾られたうちわを見るたびに、京都らしい良い景色だなあといつも思います。

私が京丸うちわを製作する「小丸屋住井」さんに最初に伺ったのは、ただの客としてでした。京都には「小丸屋住井」さんのように、京都の文化の一端を代々担ってきた会社が多く、そのことが私には敷居が高く感じられて、事前にアポイントを取る勇気が出なかったのです。勢いで伺ったところ、偶然にも接客してくださったのが、社長の住井さんでした。その時はわからなかったのですが、かなり雰囲気のある方だったので、只者ではないと思っていたのですが、あとで「まさか社長だったとは！」と焦った記憶があります。

初めて「小丸屋住井」さんに伺った時もそうですし、今でも古くからある京都の会社や作り手の方とお話しする時は緊張してしまいます。そんな話を、京都の方にすると「勝手にそっちが緊張してるだけや」と軽く言われますが、全然そんなことはないと思うのです。「小丸屋住井」さんにお仕事の依頼をさせてもらうため、再訪した時も緊張しすぎたせいか、正直記憶がないのです。ありがたいことに、私の拙い京丸うちわへの思いやビームスジャパンのコンセプトを社長が汲み取ってくださり、今でも夏の定番商品として京丸うちわを扱わせていただいています。それから、ことあるごとに住井さんにはお世話になっていて、いくつかの特別な京丸うちわも作っていただきました。

その中のひとつが、映画『男はつらいよ』モデルの京丸うちわです。勝手に名付けるならば、その名も〝男丸うちわ〟。京都は主人公である車寅次郎にとっても特別で、生みの親であるお菊さんと久々に再会する街でもあります。第2作『続 男はつらいよ』の再会のシーンは、もう涙なしには語れません。また、2020年の「ビームスジャパン 京都」オープンの際には、京丸うちわをぴったりと収納できるポケットTシャツとのセット商品まで企画させていただきました。

初めて伺った時には想像もできなかったことですが、今では私のどんな無茶なお願いも面白がって、快く引き受けてくださる大切なお取引先様です。なぜ、このようなエピソードを書いたかというと、その懐の深さや優しさに私自身が「京都らしさ」を感じるからです。冒頭に書いたように京都には数多くの銘品がありますが、この本では京丸うちわを銘品として選ばせていただきます。

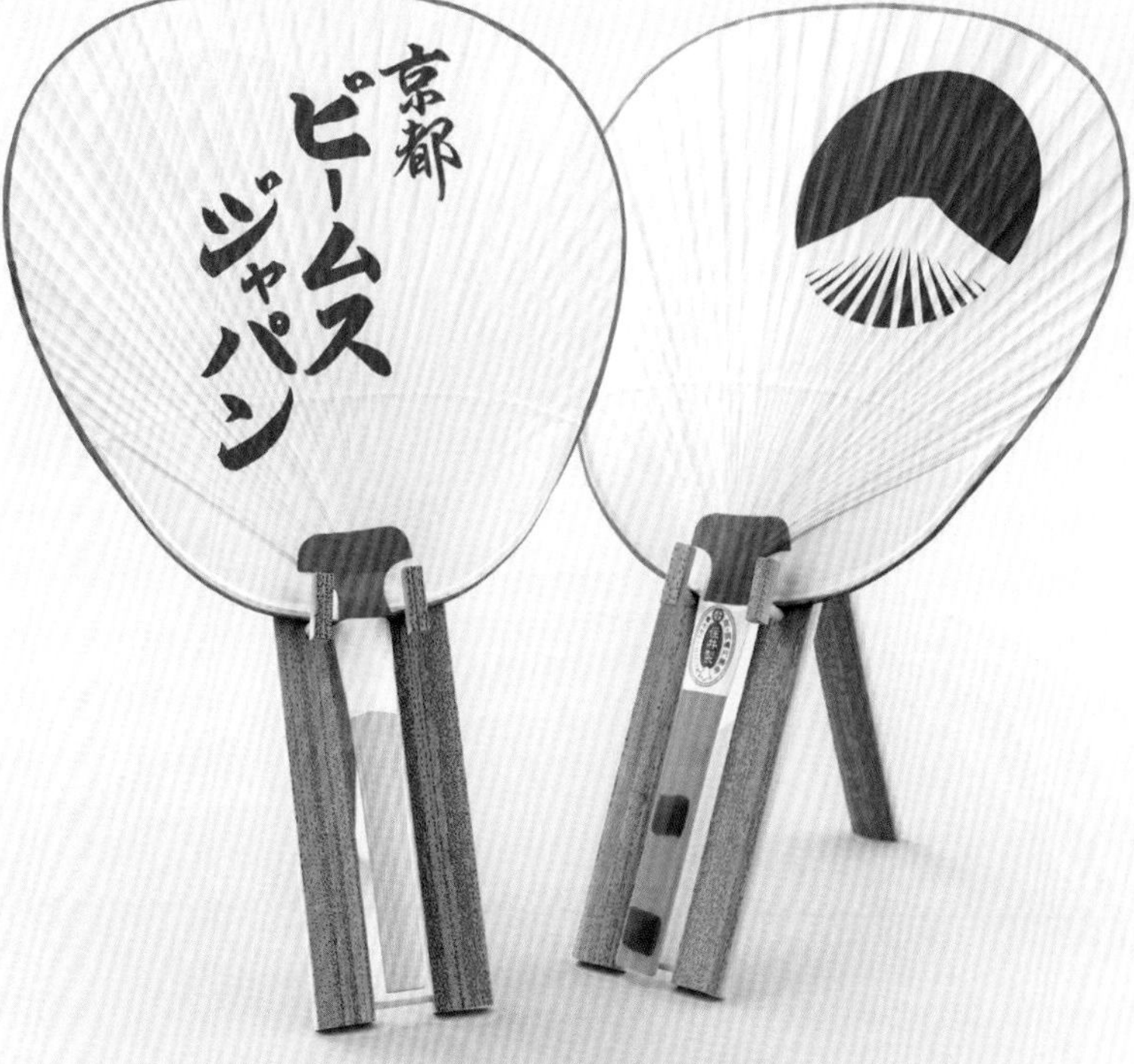
京都
ビームス
ジャパン

27

牛乳石鹸橙箱

大阪府・大阪市

日本人なら、おそらく誰もが一度は使ったことがある、牛のマークでお馴染みの牛乳石鹸。ちなみに、私は小さい頃からのヘビーユーザーで青箱派。手や顔を洗うのも、お風呂で身体を洗うのも、シェービングクリームの代わりにもこれ、時には髪まで洗ってしまうほどの愛好家です。

ちなみに、興味深いのがマークの話。牛乳の香りがする石鹸だから、乳牛のイラストが描かれているのだと思っていたら、実は牛の歩みのごとく堅実に前に進むという意味が込められているとのこと。しかも、誕生当初の製法や材料などをできる限り変えることなく、牛乳ではなく乳脂(バター)を配合しているとのこと。そして、ユーザーのために価格も抑え続けているという話を「牛乳石鹸共進社」さんから聞いて、ますます牛乳石鹸のことが好きになってしまいました。

ビームス ジャパンの立ち上げ当初より、日本各地の文化や地域性が色濃く反映された特産品、日本人なら誰もが知っている全国区の銘品、どちらにも関わりたいと考えていました。そして、後者の筆頭として私がずっと憧れていたのが、牛乳石鹸でした。それがひょんなことから、嬉しいことに日本の大切な文化である銭湯を盛り上げる〝銭湯のススメ。〟という企画でご一緒できることになったのです。

もちろん、このプロジェクトを実現する過程でさまざまな困難もありましたが、結果として大成功を収めることができました。東京都内550軒を超える銭湯の暖簾を期間限定でイラストレーターの長場雄さんが描いてくれたオリジナル暖簾に掛け替えただけでなく、銭湯トリビアをまとめた小冊子の配布とともにスタンプラリーも実施。新宿のビームスジャパンでは、スタンプラリーの景品が交換できるだけなく、数々の素敵なオリジナル銭湯グッズも販売しました。また、長場さんの描いた「富士山と牛」の原画をベースに、銭湯絵師の田中みずきさんが東上野「寿湯」のペンキ絵を完成。期間限定で銭湯ジャックをさせてもらうなど、「牛乳石鹼共進社」さんと濃密なコラボレーションを行うことができました。

そんな〝銭湯のススメ。〟の目玉になった商品が、この企画のためだけに製作してもらった牛乳石鹼の橙箱です。90年を超える歴史を誇る通称、赤箱と私が愛用する青箱。日本全国のスーパーからドラッグストア、果てはコンビニで今も手に入るロングセラー商品であり、石鹼界の巨人である牛乳石鹼の特別仕様を企画させてもらえるなんて、こんなにも素晴らしいことはありません。

実はこの橙箱、単にパッケージの色を変えただけでなく、〝しっとりの赤箱〟、〝さっぱりの青箱〟とは違う、すっきりとした洗い心地のデオドラントソープを入れてもらいました。

先に書いた〝銭湯のススメ。〟という企画が大きな反響を呼ぶことができたのは、間違いなくその中心にこの橙箱はじめ、赤箱や青箱といった牛乳石鹸があったからだと思っています。私はこのプロジェクトを通して、改めて牛乳石鹸の魅力と人気、その存在のすごさを実感することができたのです。

Column 旅にまつわるエトセトラ

7 居酒屋バンザイ

大衆的な居酒屋が大好きです。各地を旅していると、地元の方に誘われて食事をする機会も多いのですが、職業柄オシャレな雰囲気のお店が好みと、勝手に思われることもしばしばです。しかし、せっかくその土地に来たのであれば、地元の方が気兼ねなく通い、郷土の料理が食べられ、地元の言葉が飛び交う、そんなお店を求めていると宣言します。心落ち着くお店で、地酒とともにその土地の料理を頂くこと。それが全国を旅する至極の楽しみです。

28 アラジンのブルーフレームヒーター

兵庫県・加西市

兵庫県の銘品として紹介するのは、暖房器具の名品としても広く知られ、アラジンストーブ(正式名称ではないですが)と呼ばれるブルーフレームヒーターです。名前だけでは、パッと思い浮かばないかもしれませんが、きっと誰もが一度や二度は目にしたことがあるのではないでしょうか。私はまだ10年ほどしか愛用していない端くれファンですが、世界中に愛好家がいる銘品中の銘品です。

私がアラジンストーブを使うようになったのは、鎌倉の山の麓にある現在の自宅に引っ越したことがきっかけでした。その立地に加え、昔ながらの日本家屋ということもあり、鎌倉のそれなりに寒い冬を乗り切るために、以前から使ってみたかったアラジンストーブを手に入れたのです。

いざ使い始めてみると、火の調節が難しく定期的なケアが必要など、正直なところ慣れるまでは不便だなと思いました。しかし、何年か使っているうちに、この手間というか世話が必要なところに愛着が湧いてきました。どんなモノでもそうですが、やはり、しばらく使ってみないとその良さや魅力を知ることはできません。アラジンストーブには、長く使えば使うほどに、自分のモノに育っていく感覚があり

アラジン／ブルーフレームヒーター

ます。長年にわたり愛される理由を使うことで理解できたのです。

話は変わりますが、なぜビームスジャパン特別色のアラジンストーブを企画できたのか？　それは、兵庫県内のさまざまな産地に入り込んで、地場産品を通じて地元を盛り上げる活動をされている「乱痴気」の前川さんとのふとした会話がきっかけでした。

「鈴木さん、家でアラジンのストーブを使っていますよね？　興味あります？　あれ、兵庫県で作っているんですよ」

「もちろん、興味はありますよ。しかし、さすがに難しいんじゃないですかね。あれこそ銘品ですよ。僕たちの手が届くようなモノでしょうか？」

これまでも前川さんとは、神戸や淡路島をはじめ、さまざまな仕事をご一緒させていただきましたが、その時は珍しく気弱な返答をしてしまいました。しかし、それから数ヶ月後。前川さんが製造元であるメーカーに猛プッシュをかけてくださったおかげで、西脇にある工場を訪問できることになったのです。まさか、こんな展開がやってくるとは、夢にも思っていませんでした。

現場を見せていただき、製造担当の方々と打ち合わせをさせていただくと、驚くほどトントン拍子で話が進み、ビームスジャパンのために特別色のストーブを作ることが決まりました。そして、その年の冬に間に合わせるべく、急ピッチで企画が進行しました。そんな経緯を経て完成したのが、2017年の冬に限定300台で発売した藍色のアラジンストーブです。藍という色は日本人にとって特別で縁起も良い色。ビームスジャパンで扱うなら、「この色しかない」と決めていた色でした。するとと驚くことに、予約を開始した初日に完売。改めてアラジンストーブの人気と評価の高さを実感した瞬間でした。

その後もコラボレーションは続き、2018年には鼠色（ライトグレー）、2019年に橙色（オレンジ）、2020年に茶色（ダークブラウン）と現在までに4色の特別仕様モデルが誕生しました。企画当初はこんなにも長く続けることができるとは想像すらしていませんでした。メーカーである「アラジン」の担当者の皆さん、前川さんをはじめとする「乱痴気」の皆さん、そして全国のアラジンストーブの愛好家の皆様、ただただ感謝の気持ちでいっぱいです。この仕事を続けてきて良かったなぁと時折思うのですが、それがまさにこういう時です。憧れていた愛用の名品に関わることができるなんて。まさしくバイヤー冥利に尽きる銘品です。

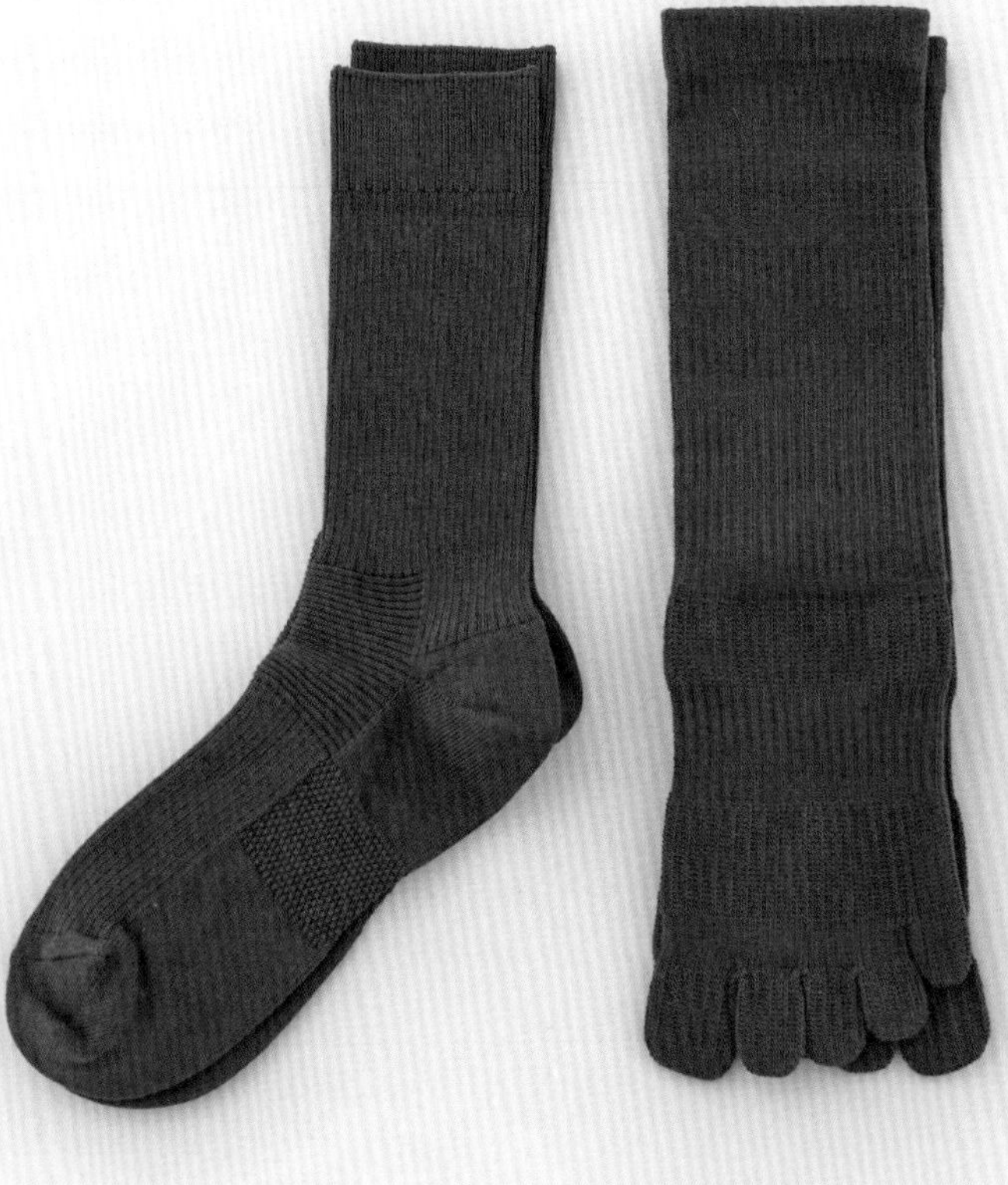

29

自衛隊員のための靴下

奈良県・橿原市

奈良県と聞いて思い浮かべるのは、古墳や平城京から連想する古都のイメージでしょうか。以前から気になっていたのは、多くの日本人が奈良＝古都と一括りのイメージで語ることを、奈良県の方々はどう思っているのだろう？ということでした。平城京への遷都から１３００年以上も過ぎているのに、ずっとそんなイメージばかりで語られるのは、どうなのだろうと。本当に余計なお世話なのですが、日本人が思い描くティピカルな古都のイメージとかけ離れた銘品を、奈良では見つけようと勝手に決めました。

奈良県は、京都や大阪といった都市圏をはじめ、三重県と和歌山県の２府２県に接しており、地理的に関西圏の中心であるだけでなく、その文化や産業を語る上で古くから要所としての役割を果たしてきました。そんな奈良県で私が目を付けたのが、地場産業である編物でした。ひとくちに編物といっても種類はさまざま。その中で注目したのが、靴下でした。

そう奈良といえば、日本屈指の靴下の生産地。その歴史を辿ると、大和高田市周辺は古くから綿花の産地であり、その綿を紡ぎ、編んだり織ったりすることが農家の閑散期の副業で、古くは納屋に手回しの機械（と呼べるのか、道具のようなもの）

を置いて、家々で仕事をしていたそうです。それがやがて現在のように分業を主体とする産業となり、編み、成形、刺繍、印刷、検品といったそれぞれの工程を行う専門的な会社が集まることで、靴下の一大産地になったと現地の方が教えてくれました。

そんな奈良で作られる靴下の中で、私が銘品として選んだのが、自衛隊員のために開発された高機能ソックスブランド〈GUTS-MAN(ガッツマン)〉の五本指靴下です。ひょんなことから知ったブランドだったのですが、現場で実物を見て一目惚れしてしまいました。もともとは隊員への支給品として開発されたものですが、官公庁用としてはコストや条件面が厳しく、長くは支給されなかったそうです。しかし、ある隊員の方からの強いリクエストで改良を経て復活。今では、日本各地の駐屯地の売店で売られ、自衛隊員の間で人気商品になっています。

このソックス、一体何がすごいかというと、日常生活ではオーバースペックとでもいうべき耐久性と履き心地の良さを両立しているところです。そして、その両者を実現するためにコスト度外視で、持てる技術を細部まで施しているというのです。お節介にも「安すぎます。もう少し価格を上げた方がいいですよ」とメーカーの方にお話ししたのですが、「いえ。隊員の方々のことを考えると、この値段が適当です」との返答が。その実直な姿勢というか、企業努力に頭が下がりっぱなしでした。

帰りにお土産で頂いたソックスを、早速自宅で履いてみました。確かに説明していただいたとおり、そのフィット感から丈夫なモノであることがわかります。しかし、自衛隊員のように100キロメートル行軍訓練などすることができない、私のような人間には、その本領のすべてを理解することができません。しかし、ここはプロの声に耳を傾けるべきかと思います。自衛隊員に愛され続ける〈GUTS-MAN（ガッツマン）〉の五本指靴下。こちらを奈良県の銘品とさせていただきます。

Column
旅にまつわるエトセトラ

8 気になる場所には季節を変えて

旅していて気になる街を見つけると、「また来てみたいな、今度は違う季節に訪れたいな」と思うことがよくあります。実際に同じ街でも季節によって違う印象を受けますし、楽しめるものも変わってきます。人も含めた街の風景、咲いている花、旬の美味しいもの、ご当地のお祭りや季節行事、挙げればキリがありません。せっかくならいろんな場所へ行ってみたいと思うでしょうが、季節を変えて気になった街を再訪する。そんな旅も悪くないと思います。

30 シール織レンジクロス

和歌山県・橋本市

和歌山県の高野口は、その名のとおり高野山への参詣口として始まった街で、そのルーツは平安時代後期にまで遡ります。また、江戸時代から農家の副業として織物の仕事が生まれ、明治、大正と時代を経るにつれ、織物産業の街としても発展してきました。地元の作り手の方の話では、「ガチャンと織機が1回動けば、それで1万円儲かる」と言われた戦後のガチャマン景気によって、今では想像もできないぐらい好景気に沸いたこともあったそうです。

もちろん、そのような好景気は長く続かなかったものの、特殊な技術と確かなつくりで、昭和、平成の間に幾度となく訪れた不景気の波も乗り越え、令和の時代となった現在も高野口は国内有数の貴重なパイル織りの産地として存在しています。

そんな高野口のパイル織物の中で私が目を付けたのが、レーヨン糸を原料としたシール織。もともとは楽器ケースの内張りから始まり、その後、電車や車のシートや毛布をはじめとする日用品にも使われるようになったという、独特の光沢感を放つ織物です。ちなみにシール織の〝シール〟とは、英語で動物のアザラシ（Seal）のこと。まさに、アザラシのように美しい毛並みを持った織物にふさわしい名前だと思

シールオリレンジクロス

います。

そんなシール織の中で近年のヒット商品となっているのが、レンジ台用の布巾、レンジクロスです。その特徴的な光沢のある毛並みによって、洗剤なしで驚くほど、簡単にレンジ台の油汚れを拭き取ることができるのです。しかも、布巾に付いた油汚れは、水やお湯で洗い流すだけで簡単に落とせる、まさに魔法のような代物です。よくよく思い返してみると、実家で母親が愛用していたような気もします。また、自宅でも実際に使っているのですが、家族からの評判も上々です。それにも増して、日本全国に根強いファンがいるということが、何よりも銘品の証ではないかと思います。もちろん、私もファンとしてこれからも長くお世話になろうと思っています。

今回紹介するシール織物に限ったことではありませんが、時代を経るごとにモノの用途が移り変わっていくのは致し方のないことだと思います。しかし、時代を超えた普遍的な価値を発揮するモノへと生まれ変わる、ということもしばしば起こります。シール織のレンジクロスは、まさにその代表的なアイテムではないかと私は思います。というわけで、勝手に〝アッパレレンジクロス〟と名付けさせていただいたこちらを、和歌山県の銘品に選定させていただきます。

31

佐治手漉き和紙

鳥取県・鳥取市

鳥取といえば、私の頭にすぐに浮かぶのは、さまざまな民藝品です。これまで何度もそれらの産地を訪れていますし、これまでもビームスでは鳥取のたくさんの民藝品を扱ってきました。しかし、この企画を始めた時、最初に考えたのは、これまであまり紹介されなかったモノを紹介したいということ。そして、何よりも私自身がこの企画をきっかけに新たな銘品に出合ってみたいという強い気持ちがありました。

2020年から2021年にかけて、度重なるコロナ禍による緊急事態宣言下の中、これまでの経験と記憶を辿りながら、銘品のリサーチを進めていったのですが、残念ながら私の得意とする現地調査をすることができませんでした。しかし、神様はちゃんと見ていてくれたようです。それは、古くから付き合いのある鹿児島在住のグラフィックデザイナーの清水さんと、全く別の仕事で鹿児島各地や奄美大島の調査を行っていた時のことでした。

移動の車中、何かのきっかけで鳥取の話になったので、私の悩みを相談すると、清水さんの口から私の記憶から消えていた鳥取県庁の人の名が出てきました。その方は大江さんといって、清水さんも一緒に仕事をされたことがあるそうで、その時に私の名前が挙がった記憶があるとのことでした。自分の記憶を必死に遡ったのですが、失礼なことにぼんやりとしか大江さんのことを思い出せません。そこで、改めて清水さんからコンタクトを取っていただき、緊急事態宣言明けに大江さんにお会いするため、鳥取を訪れることにしました。

後日、約束どおり鳥取に向かった私は、県庁で久しぶりに大江さんと再会を果たしました。改めて、企画の意図や私の思いをご説明させていただくと、さすがは現地のモノづくりに精通された方です。私が求めていたようなモノを推薦してくれました。それが、佐治という地域で作られている手漉き和紙でした。鳥取を代表する民藝品として有名な因州和紙のことはもちろん知っていましたが、私が過去に訪れたことがあるのは青谷という地域で、実は因州和紙にはもうひとつの産地があり、書道や水墨画に用いる紙である画仙紙の全国トップクラスのシェアを誇るのが、佐治という地域であることをその時初めて知りました。

華巌
光雅
飛龍
竹葉
玉鳳

ここで素人の私が説明するのも何ですが、佐治の画仙紙はプロや愛好家からの支持が厚く、書き心地や仕上がりが一味違うそうです。また、戦後、日本の紙の産地が機械漉きに移行していく中、佐治は手漉きを中心に書道用の画仙紙に特化した産地として生き残る道を選び、今に至るのだそうです。実際にその現場を訪れたのですが、幅広い用途やユーザーの求めに柔軟に応じるために、手漉きという性質を生かし、小ロットにも対応。生産者の工房には、10種類以上の特徴や風合いの違う画仙紙が展示されていました。その光景を見た私はあるアイデアを思いつきました。それは、いくつかの種類の画仙紙をセットにするだけでなく、筆ペンも付けることで、和紙に気軽に親しんでもらえるような商品が作れないかということでした。

佐治は美しい星空でも有名な場所。手漉き和紙の産地ならではの水の綺麗な川沿いには、星空を楽しめる施設もあります。そんな星空に掛けて、5種の画仙紙を選んでセットにしたのが、この「画仙紙セット 五つ星」というオリジナル商品です。そう呼んでいるのは、勝手に名付けた私だけかもしれませんが。それはさておき、地域の風土と文化から生まれ、今も丁寧に作り続けられるこちらのモノを、鳥取の銘品として紹介させていただきたいと思います。

32

出雲石勾玉

島根県・松江市

かつて出雲（いずも）、石見（いわみ）、隠岐（おき）と呼ばれた3つの国からなる島根県。いずれにも固有の文化と歴史があり、他県に類を見ないほどに特徴豊かな場所だと思います。そんな島根県の銘品をひとつ選べと言われたら、迷ってしまいそうですが、真っ先に頭に思い浮かんだのが、出雲石の勾玉（まがたま）でした。

そう島根県といえば、かの出雲大社がある神話の国。神話の話をしだすと、私の浅い知識が露呈してしまいそうなので言及を避けますが、さすがに三種の神器のことは知っていました。三種の神器とは説明するまでもなく、八咫鏡（やたのかがみ）、草薙剣（くさなぎのつるぎ）、そして八尺瓊勾玉（やさかにのまがたま）のこと。その中のひとつでもある勾玉が、今も島根県では地元産の石を原料に作られていることを知っていたので、実は何年も前から現場を訪れてみたいと思い、その縁をずっと探し続けていたのです。

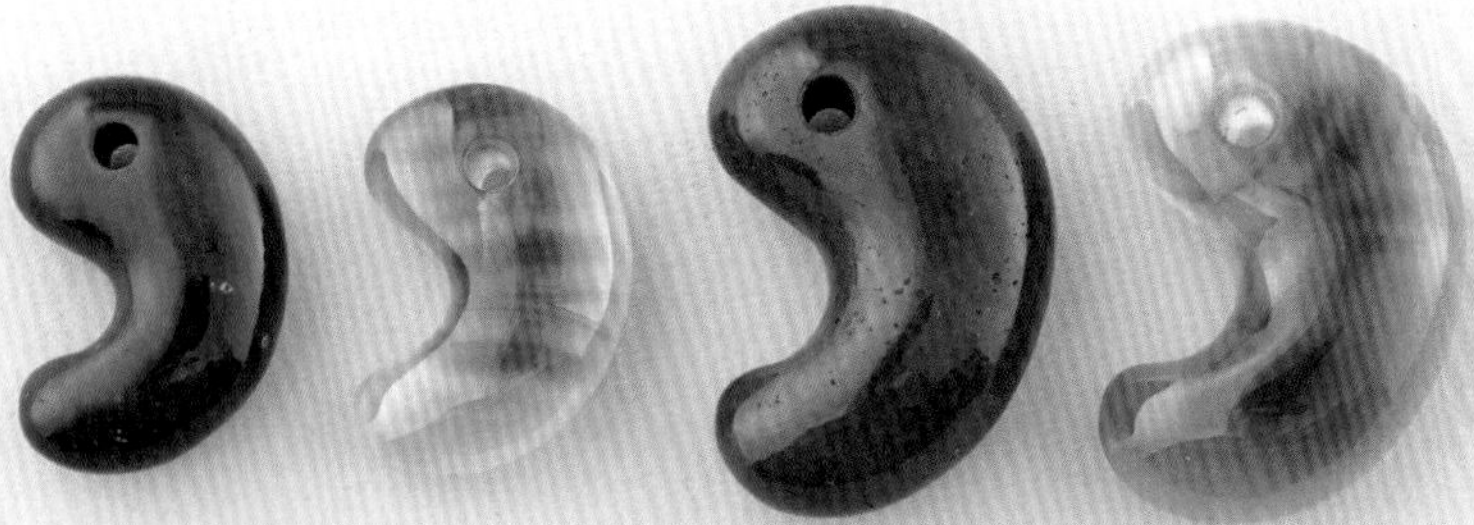

ある日のこと。ビームスに島根県出身で顔が広く、地域に精通している人物がいたことをふと思い出し、思い立ったが吉日とすぐにメールをしてみたところ、なんと「知り合いに勾玉を作っている人がいますよ」と即返信が！　もうさすがとしか言いようがありません。そんな経緯を経て、ご紹介いただいたのが、松江市で1877年に創業した老舗のめのう細工店「めのうの店 川島」の川島さんでした。早速、連絡させていただくと、実は川島さん、何度も新宿のビームス ジャパンに足を運んでくださっていて、「勾玉を売ったら良いのに」と思っていたとのこと。これこそ、もう相思相愛と言うより他ありません。

日本の太古の歴史や浪漫を感じることができるだけでなく、お守りのように縁起物としても良さそうな勾玉。長年、ビームス ジャパンの定番アイテムとして加えたいと考えていた私は、神話の国である出雲地方の石を材料に勾玉を作っていただけないかと川島さんにお願いすることにしました。ちなみに、出雲地方は、古くより良質なめのうの産地として知られ、特に緑色のめのうは地元では〝出雲石〟と呼ばれ、珍重されています。そんな日本人の心をずっと惹きつけてやまない〝出雲石〟で勾玉を作れたらと考えたのです。

完成した〝出雲石〟でできた勾玉を見せていただいた時は、心より美しいと感じましたし、手に持った時の感触も堪りませんでした。それは、これまで想像していたことが確信に変わった瞬間でもありました。

やはり勾玉は、ビームスジャパンで紹介すべきモノだったのです。こういうエピソードは語れば語るほど、まゆつばになってしまうので、このあたりでやめようと思いますが、ぜひとも実際に手に取って見ていただけたらと思います。

Column
旅にまつわるエトセトラ

9 端っこが好き

昔から「端っこ」が好きです。ものすごく興味があります。ここで言う「端っこ」とは、地図の上で、日本の端にある地域のこと。もちろん、ポジティブな意味でのエッジな場所です。例えば、青森県の津軽や下北、石川県の能登、大分県の国東など。海に突き出た半島と呼ばれる場所は、外からの影響を受けていたり、逆に他の地域とは違う、伝統的な文化が残っていたりします。その土地にしかない固有の文化に触れること。それも旅の醍醐味のひとつだと思います。

33 畳縁コインケース　岡山県・倉敷市

岡山県の銘品といえば、ジャパニーズデニム。今では世界的人気を誇り、デニム素材の織りや製品の縫製はもちろん、色落ちといった後加工まで、高い技術力と生産力を持つ産地として知られています。中でも倉敷市の児島はその中心として有名ですが、あまり知られていないのが、繊維産業の街として知られる前に、畳製造で栄えた歴史があるということです。地図で見れば、一目瞭然ですが、児島は瀬戸内海沿岸に面した街です。そのため、古くから栽培できる植物が限られ、綿花やいぐさの栽培が盛んで、それが今の繊維産業に続く礎となったそうです。また、沿岸部という立地は海運にも便利なことから、製品にするとかさばってしまう生地や畳の製造に適した場所だったと想像できます。

今回、岡山の銘品として紹介するのは、そんな児島で作られる畳縁のコインケース。残念ながら、現在この街でいぐさは作られておらず、それに伴って畳表の製造

BEAMS
JAPAN
BEAMS
JAPAN

も行われていませんが、畳縁の製造のみ、今もデニム等の服地製造業の中で生き残っているのです。

私が伺わせてもらったのは、児島だけでなく日本でも数少ない畳縁の製造を専門で手がける「髙田織物」さん。いざ訪れて話を聞くと、興味深いことがたくさん伺えました。また、昔では考えられないような多彩で緻密な柄物の畳縁や、すでに畳縁を使ったさまざまな商品を企画されていることにも驚き、とても刺激を受けました。それにこれまでいろいろなところで、日本人の住環境の変化による畳離れや、原料であるいぐさの生産や畳表の製造そのものの軸足が海外へと移りつつあることで、国内の畳業界が疲弊しているというネガティブな話を聞いてきただけに、ぜひとも前向きに企画に関わりたいと思いました。

「髙田織物」さんには、さまざまな色と柄の畳縁があり、「作ろうと思えばどんな柄でも作れますよ」とおっしゃっていただいたり、いろいろとご提案も頂いたのですが、私が選んだのは無地の黒い畳縁。担当の方は少し拍子抜けされた様子でした。なぜ、私が無地の黒い畳縁を選んだかというと、海外の方や日本の若いお客様に、あえて昔はどこにでもあった地味な畳縁を提案したいと天邪鬼に考えたのです。きっとオシャレな色柄の畳縁でコインケースを作った方が売れるに違いありません。しかし、まずビームスジャパンとして商品を企画するのであれば、王道の畳縁を紹介すべきだと思ったわけです。

それともうひとつ理由があります。現在、ほとんどの畳縁は化学繊維で織られていて、そのため色柄も綺麗ですし、耐久性も過去のモノとは比べものになりません。しかし、一方で無地の黒い畳縁は、昔と同様に素材に綿を使い、織り上げる糸の段階で蝋引きを施し、最後にブラシで磨き上げることで、見た目の美しさだけでなく耐久性も上げているとのことでした。かなり手間がかかっています。それはまさに素材や製法が限られていた時代の素晴らしい知恵と技術の結晶です。

そうして完成したコインケースは、見た目はやはり地味ですが、見る人が見たら素敵だと思うモノに仕上がったと自負しています。併せて企画した柄物のコインケースと比べると、さすがに動きは鈍いですが、それでも銘品と呼ぶべき理由と説得力があると思っています。

34

宮島杓子

広島県・廿日市市

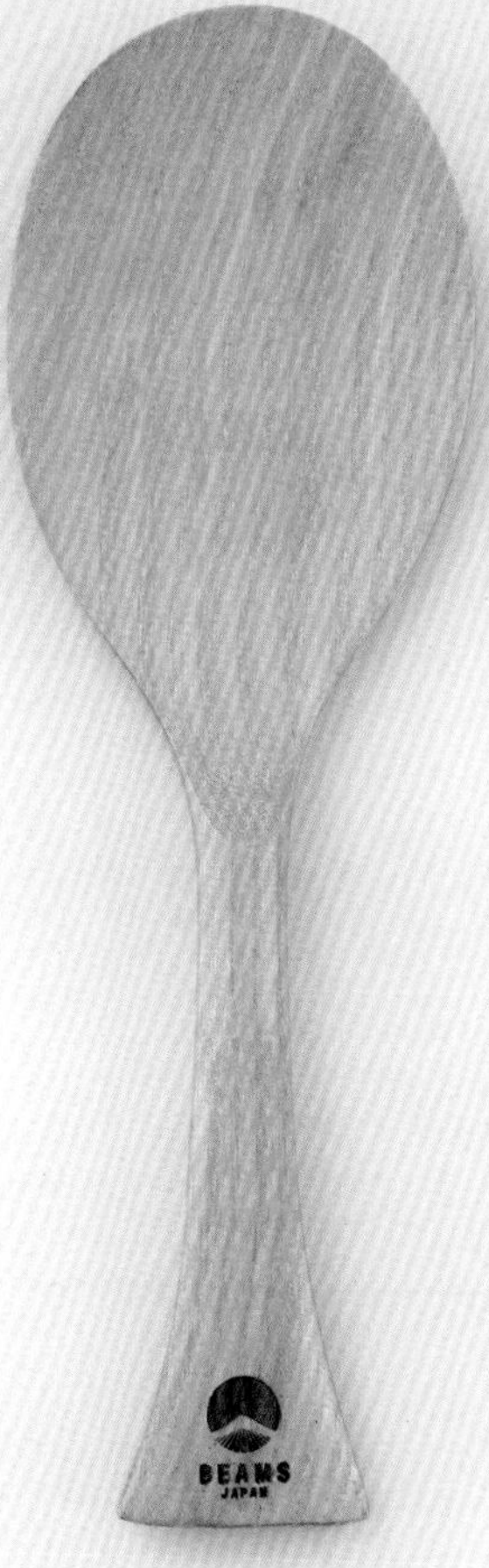

東日本にお住まいの方は、あまり馴染みがないかもしれませんが、日本随一の景勝地である広島・宮島のお土産といえば杓子（しゃくし）。杓子と聞いても、あまりピンとこないかもしれませんが、ご飯をよそう時に使うしゃもじのことです。実は宮島は木製しゃもじの日本一の生産地。島中の土産物屋のいたるところで、しゃもじが売られています。

そのしゃもじですが、大きく2つに分類されます。ひとつはご飯をよそう実用品、そしてもうひとつが家の中に飾る縁起物です。宮島のしゃもじの起源は、江戸時代。当時、宮島にあった寺の住職が土産物として考案したのが、その始まりだそうで、いつしか縁起物として重宝されることになったそうです。

諸説あるのですが、宮島で崇められる弁財天が持っている琵琶（楽器）の形を模しているとか、しゃもじは「飯を取る」道具なので、「（敵を）召し捕る」という意味で必勝や商売繁盛を祈願する縁起物になったとか。いずれにせよ、江戸時代から現在に至るまで、厳島神社にあやかったありがたいものとして愛され続けています。

ちなみに現在売られている縁起物のしゃもじは思いつく限りの願いのバリエーションがあり、商売繁盛はもちろん、長寿に健康、幸福、夫婦円満、家内安全、交通安全、恋愛成就、合格祈願など、挙げればキリがないほどです。

私もその昔、子供の頃、家族旅行で宮島を訪れ、留守番をしてくれている祖母へお土産として、長寿を祈願するしゃもじを買って帰り、その後何十年も実家に飾られていた記憶があります。いずれにせよ、その欲張りなところが日本人らしく、縁起物という文化を体現しているように思います。

そしてまた、道具としての木製しゃもじも見逃せません。長年、自宅で琵琶を奏でるバチを模した桑材のしゃもじを愛用しているのですが、単純に見た目として美しいだけでなく、握りやすくとても手に馴染むのです。プラスチック製のしゃもじは、手入れが楽で確かに使い勝手がいいですが、何より使い込むことで味が増し、愛着が湧いてくる木製のしゃもじの魅力には敵いません。

ぜひ宮島に訪れた際は、縁起物だけでなく実用のしゃもじにも注目してもらえたらと思います。しゃもじひとつで、ずいぶん話が長くなってしまいましたが、宮島のしゃもじこそ、歴史や文化のみならず、日本人の精神性まで詰まった銘品なのではないか。少し大袈裟な言い方かもしれませんが、私はそんなふうに考えています。

35 蛸壺　山口県・防府市

これまで日本各地を巡ってきましたが、山口県にはあまり馴染みがありませんでした。ビームスジャパンを立ち上げて、丸5年。さすがに山口県のモノが店頭にひとつもないというのはどうだろう？　と思い、山口県の周防大島で蜜柑農家を営む友人の山根さんにコンタクトを取ってみることにしました。「ビームスジャパンが関わって面白そうな、山口県の文化や地域性が語れるようなモノってありますか？」と、さらりと難題をぶつけたところ、「防府の蛸壺はどうだろう」と即答で返事が返ってきました。さすがは信頼のおける友人です。彼とは周防大島を一緒に歩き回りましたし、SNSで互いの近況や嗜好を共有していたことも功を奏しました。

防府周辺は、古くから堀越焼や末田焼と呼ばれる土管や甕といった大物粗陶器の産地として知られ、明治から昭和にかけて凄まじい生産量を誇っていた日本屈指の産地です。しかし、現在はそうした窯元も消えつつあり、衰退の道を辿っていると聞いていました。そんな中、最近、事業継承したばかりの若い人が蛸壺を作っていると聞いて、私の好奇心は最高レベルに達しました。

実際に蛸壺を作る「田中窯業」さんに足を運ぶと、発見と驚きの連続でした。蛸壺と聞いて、てっきり古くから作られているモノだと思っていたのですが、実はそうではなかったのです。同社の久野さんに話を聞くと、もともと土管などの生産をメインに行っており、その傍らで今から50年ほど前に蛸壺を作り始めたとのことでした。現在では漁に使う蛸壺は主にプラスチック製で、久野さんたちが作る陶製の蛸壺は蛸の産卵のためのモノ。大切な産卵に際し、蛸が自然素材の壺を選ぶというのも、とても興味深く面白い話だなと思いました。

蛸壺の主な納品先は、瀬戸内海の漁師さんで、東は明石海峡から出口の北九州まででとかなり広く、瀬戸内海だけで年間約1万個の蛸壺を禁漁の時期に沈めるのだそうです。また、今でも蛸漁で有名な明石の一部の漁師さんは、漁にも陶製の蛸壺(釉薬を掛けて強度を増した別仕様のモノ)を使っているそうです。

非常に頑丈に作られたモノだから、毎年海に沈める必要はないのではと思ってしまいますが、フジツボなどが付着した古い壺は蛸が嫌がるそうで、これもまた面白い話だなと思いました。おそらく、今後劇的に陶製の蛸壺の需要が増えることは考えにくいですが、ここでその文化が途絶えてしまうと、もう取り返しがつきません。世界的な海洋プラスチックゴミ問題を考えても、非常に貴重な技術だと思います。

しかし、陶製の蛸壺を作り続けていくには、ビジネスとして成立しなくてはなりません。何か別の用途としても蛸壺を使うことができないか？　そんなことを考えながら、私が捻り出したのが、生ゴミを処理して堆肥化するコンポストに応用するというアイデアでした。実際に陶器のモノは数多く出回っていますし、自宅で使っているコンポストを眺めていたら、大きな蛸壺のように見えてきたのが、そのアイデアの始まりでした。

久野さんはコンポストのことを知らなかったのですが、参考になる写真を見せて私のイメージを伝えると、とても前向きに考えてくれて、早速作業場で一緒に試作が始まりました。嬉しいことに小一時間ほどで実現のメドが立ち、今はさらに精度の高い試作品を心待ちにしているといった状況です。危機的な状況にあるゴミ問題に対して、少しでも役に立ち、それが産地の活性化や技術の継承にも繋がるのであれば、こんなにも嬉しいことはありません。必ず陶製の蛸壺コンポストは実現すると信じています。なので、少し気が早いのですが、山口県の銘品として防府の蛸壺を選ばせていただきます。

タコツボ

36

藍染め和紙

徳島県・吉野川市

徳島県の銘品を選ぶにあたって、まずは現地を訪れた際の記憶を遡ることにしました。この企画で他県の銘品を挙げる時にもそうしたように、名産品としてすでに広く知られたモノではなく、実際に自分の目で見て体験して、良いと感じたモノから選んでみたいと考えていました。

徳島県には個性的なモノが多く、すぐに頭に浮かんでくるのは、藍染め（その原材料も）、しじら織、和三盆糖、なると金時（さつま芋）などの農産物、鳴門わかめといった海産物などです。しかし、この数年の間に現地で見たり、聞いたり、食べたりした中で、特に印象に残っていたのは、藍染めと発光ダイオード（LED）と〝鳴ちゅるうどん〟と呼ばれるご当地うどんでした。変な取り合わせです。

発光ダイオードは、当時現地を案内してくれた県の担当者の方のイチオシで、市内を流れる川沿いが綺麗に青くライトアップされていたのが印象的でした。実際、私たちも何か関わることができないか話したりもしました。〝鳴ちゅるうどん〟は、お隣・香川県の〝讃岐うどん〟とは全くの別物で、ここで詳しく語ると時間が足りないので割愛しますが、地味で素朴ながらも衝撃的な美味しさでした。

出だしからすっかり話が逸れてしまいましたが、そんな記憶の中で銘品の企画として関われそうなのが〝藍染め〟であるという結論に至ったわけです。

これまでこの本の中でも武州藍染めや松阪もめんなど、藍染めによる銘品を紹介してきましたが、日本にはそれ以外にも藍染めによる銘品が数多く存在します。その証拠にビームス ジャパンでも会津木綿のドテラや藍染め布の丸亀うちわ、藍染めの革財布、藍染めした木柄の包丁など、多岐にわたる商品を取り扱っています。それぐらい日本人の生活に欠かせないモノとして今も愛される藍染めですが、布や紙だけでなく、木材、石、動物の骨や貝といったモノまで染められるということを、実は最近になって初めて知りました。

そのことを教えてくれたのは、先に触れた包丁や革小物の藍染めを徳島県で手がける「絹や」の代表である山田さん。徳島県といえば、藍染めの原材料である蓼藍(たであい)や蒅(すくも)と呼ばれる原料の一大産地。そんな彼に誘われ、今から数年前に藍の葉の収穫作業に同行したのですが、その時「せっかく来たのだから」と、さまざまなカタチで藍染めに関わる生産者の方々をご紹介いただき、その多様性と本質的な魅力を知ることができました。

そんなふうにして出会った生産者の方々から、私が銘品の作り手として選んだのが、今回紹介する藍染め和紙を製作する「アワガミファクトリー」さんです。昔ながらの製法で作られる阿波和紙は広く知られていますが、その中でも私の心を惹き付けたのが、藍で染められた和紙を使った美しいプロダクトでした。和綴じのノートやメモ帳、葉書や名刺といった雑貨などなど。和紙自体の質感もとても良いのですが、藍染めされることでその質感が増し、より良いモノに仕上がっていることに関心を持ちましたし、深く感心しました。

あとで聞いた話なのですが、実は藍染め和紙を使った美しいプロダクトは、「アワガミファクトリー」さんの技術と努力があって生まれたモノだということ。そして、それは藍染め製品に共通する、長く使うことでさらに美しいモノへと経年変化していく期待を私たちに抱かせてくれるだけでなく、「書く」という日常の行為をさらに彩ってくれるモノでもあったのです。

まさしく、論より証拠。何はともあれ、ぜひとも手に取っていただき、和紙ならではの優しい手触りとその美しい色合いを肌で感じてもらえたなら、こんなにも嬉しいことはありません。

37　手袋　香川県・東かがわ市

ビームスジャパンの仕入れや企画を担当するようになって思うのは、日本各地にはまだまだ知られていないさまざまな産地があるということです。地域性がわかりやすい伝統工芸品や食品などは産地を含めフィーチャーされることも多いですが、そうでないモノの方が実は多いということに気付かされます。

ざっくり言うなら、地場産業や工業製品と呼ばれるモノでしょうか。日用品や機械製品、アパレル製品まで、日本にはそうしたモノが数多く存在します。特にアパレル業界は、これまで産地をあまり公開することがなく、ただ日本製やメイドインジャパンとタグに表記するだけでした。しかし、ここ最近は、産地を積極的に謳うことで、それが付加価値のひとつとなり、一般ユーザーからも支持されているように感じます。

デニムの産地である岡山県の児島、ダウンの産地である岩手県の水沢、キャンバススニーカーの産地である福岡県の久留米などは、その代表例ではないでしょうか。それに続くモノとして香川県の銘品としてご紹介するのが、東かがわ市の手袋です。当の私も数年前まで、東かがわ市が全国でも有数の手袋の産地であることを知りませんでした。縁あって手袋ブランドの〈tet.〈テト〉〉さんと出会うことができ、いつものようにまず産地を見せてくださいと言ったのが、そのことを知るきっかけでした。

これまで何度も現場を訪れていますが、最初の訪問はとても興味深いものでした。ひとくちに手袋といっても実にさまざまな用途と種類があり、日本製のほとんどが東かがわ市で生産されています。ファッションや防寒用、特殊な職業の方々のためのモノとさまざまなバリエーションが存在します。そんな中で、私が特に興味を持ったのは、消防士の方や工場で特別な作業をする方々が使う、身を守りつつ作業を効果的にする専門的なグローブでした。

ちなみに〈tet.〈テト〉〉さんは、ビームスの店頭に並ぶファッションアイテムとしての手袋から、前述した特殊な手袋までさまざまなメーカーに関わり、商品企画をされています。東かがわ市では、それぞれの用途によって製作する会社が異なるので、そのすべてを横断してモノづくりを行うことができる〈tet.〈テト〉〉さんは非常に心強い存在です。上質なカシミアを使った縁起物としての手袋、消防隊員が使うグローブをDIYシーンに転用した手袋、そして切創や摩擦に異常に強い特殊な素材を使った手袋。詳しくは語れませんが、パイロットが機内で使用する精密なつ

GLOVES
FOR PROFESSIONAL USE
MADE IN JAPAN

くりの革手袋などなど、これまで彼らと幅広い商品企画を行ってきました。
それは、すべて東かがわ市を高い技術を誇る手袋の名産地として、国内外にアピールするためです。「ただ可愛いモノ、ただ美味しいモノ、ただ上質なモノ」は、日本各地にたくさんあると思います。ビームスジャパンの仕事は、その中からさらに「各地の地域性や文化や歴史」までも感じてもらえるような銘品を紹介すること。そんなふうに常日頃考えています。東かがわ市の手袋は、その代表のようなモノかもしれません。

Column
旅にまつわるエトセトラ

10 旅の支度は、前日までに

ここ数年、毎週のようにどこかを旅する日常を送ってきました。もちろん、フラフラと遊びに行っているわけではなく、基本的には仕事です。かしこまった商談も多いため、身だしなみにも気をつけなければなりません。しかし、荷物はできるだけ減らしたい。だからこそ、旅の支度は念入りに。いかに少ない着替えと荷物で、失礼なく快適に旅先で過ごせるか。出発当日にバタつくのはNG。旅の支度は、必ず前日までには終わらせておくこと。それがマイルールです。

38

伊予水引

愛媛県・四国中央市

その名のとおり、四国のほぼ真ん中に位置する愛媛県の四国中央市。この地域が全国でトップシェアを誇る銘品があります。それは、日本の文化を語る上で欠かせないモノなのですが、そのことを知っている人は少ないかもしれません。それは、慶事や弔事の際の贈り物などに使われる水引。相手のことを大切に敬い想う、日本人の心を映したような繊細な細工と美しいかたち。熨斗の原型になっている鮑（アワビ）、長寿を意味する鶴や亀、吉祥の象徴である松竹梅など、それらを紙や紙糸を用いて簡略化して表現したデザイン性の高さにも単純に惹かれます。その姿に私は日本の美意識を感じるのです。

と言いながら、これまで各地で目にしてきた水引を活用したモノには、あまり惹かれることがなく、ビームスジャパンで扱いたいと思うようなモノになかなか出合うことができませんでした。そんな時、四国中央市で長く水引のお仕事をされている「有高扇山堂」さんと偶然にも知り合うことができました。結局、それから1年以上経ってようやく現地に伺ったのですが、現場を見て、「なんでもっと早く来なかったのか」と、すぐに行動に移さなかった自分を深く反省しました。

ひとくちに水引といっても実にさまざま。各地それぞれの地域性もあり、「有高扇山堂」さんはかなり幅広い種類を手がけられていました。その中で私の目に留まったのが、結納用の大振りで立派な水引でした。しかも、全国的に流通しているモノではなく、この地域で代々使われてきたモノで、結納という独特の慣習自体が減ってきたこともあり、最近はあまり作ることがないとのことでした。こういう話を聞くと、逆に燃えてくるのが、私の性分です。伺ったのが、夏の終わりだったということもあり、今ならまだ間に合うかもしれないと思い、この水引を転用してお正月飾りを作ってほしいとその場で提案してみました。

するとその場で意気投合。そこから年末の納品に向け、急ピッチでモノづくりがスタートしました。そうして出来上がったのが、松竹梅を欲張りにあしらったこの正月飾りです。ちょっとしたアイデアがきっかけで、新しい水引のかたち、ひいては新しい四国中央市の銘品が生まれたのではないかと思っています。

時代の流れとともに、日本人の生活様式や慣習が変わっていくのは仕方のないことですが、守り続けていきたいこともあります。しかし、大切なものを後世へと繋げていくためには、時代に応じて柔軟に変化していくことも大切です。どこかで聞いた「伝統は革新の連続である」という言葉が、いつも頭の片隅に響いています。

39 土佐にわか手拭い 高知県・高知市

ご存じのように日本各地にはさまざまなお祭りがあります。また、意外と知られていないですが、お祭りに欠かせない産品が日本各地にはたくさんあります。どれもその地域の歴史や文化や風習に深く根ざしたモノですが、本来お祭りのための縁起物がいつしかその土地を代表する土産物になったという例も少なくありません。

すっかり前置きが長くなりましたが、高知県の銘品として紹介するのは、まさしくそんな類のモノです。銘品と出合ったのは、日本を代表する高知県のお祭りである「よさこい祭り」に行った時のことでした。高知市内が約２００チームの踊り子たち（総勢2万人にもなるとか）の熱気に包まれ、「こんなに自由でいいのか」と思うぐらい、それぞれの個性を出して踊りまくる、見ていて楽しく幸せな気分になるお祭りです。そんな「よさこい祭り」でいくつかのチームが使用しているのが、土佐にわか手拭いでした。地元に語り継がれる伝説の妖怪しばてんや、お殿様、お姫様など

BEAMS
JAPAN
文和
文和
BEAMS
JAPAN
文和

に〝ぼっ被る〟だけで〝にわか〟に変身できてしまう手拭いで、しかも被ると自然と踊り出したくなるようななんとも幸せなアイテムです。

この手拭いを考案されたのが、高知市内にある「北村染工場」さんです。代表の北村さんの元に、地元で新たに作る音頭で使う手拭いの相談が持ち込まれ、福岡を旅した時に見た土産物のにわか面にインスピレーションを受け、踊る時に使える手拭いのお面というアイデアが閃いたのだそうです。

伺った際、その音頭を録音した自作のCDまで紹介いただいたのですが、何よりも北村さんが楽しみながら、お仕事をされていることが伝わってきました。そして、そんな彼だからこそ、この手拭いを作ることができたんだなと強く感じました。そんな土佐にわか手拭いですが、今では高知県を代表する土産物となり、「よさこい祭り」という世界的なお祭りの小道具として活躍しています。この手拭いとの出合いを通じて、銘品とはちょっとしたきっかけや才能ある個人のアイデアから生まれることもある、そんなことを改めて実感しました。そして、この手拭いは何より高知の人々の楽しい気質を象徴する銘品だと思います。

40 ムーンスターの上履きシューズ

福岡県・久留米市

日本を代表するスニーカーメーカーといえば、〈ムーンスター〉。そんな同社と私が知り合ったのは、かれこれ10年ほど前に参加していた展示会でのこと。当時、担当を務めていたビームスの部署の商品を対外的にアピールするために、その展示会に参加していたのですが、〈ムーンスター〉さんはこれまでのイメージからの脱却を図るべく、新たな商品ラインナップを並べて参加されていました。かなりこぢんまりと参加されていたので、社内的にも肩身が狭い思いをしながら、担当者の方たちが頑張って出店されているのが伝わってきました。なぜ、わかるかというと、私も当時彼らと同じような境遇だったからです。

その展示会で〝MADE IN KURUMEのスニーカー〟に興味を持ったのと、何より担当者の方と馬が合ったのがきっかけで、〈ムーンスター〉とビームスとの長いお付き合いがスタートしました（自慢するわけではないですが、今では数多くのビームスのレーベルで〈ムーンスター〉の商品を扱っています）。

いつものことですが、初めて久留米にある工場を見せてもらった時、知識がなかったせいもあるのですが、大きな衝撃を受けました。〈ムーンスター〉の代名詞ともいえるヴァルカナイズ製法の現場を主に見学させてもらったのですが、アナログな製造機械に加え、想像以上に手作業の工程が多く、手作りの現場かと見紛うほどだったのです。そのクライマックスともいえる靴のアッパーとゴムソールを定着する工程は、モノづくりに興味がある人にしかわからなさそうですが、説明するなら、丹精込めて成形したやきものを、焼成のための窯に詰めていくような感じでした。これ以上、説明すると長くなってしまうので割愛しますが、手の込んださまざまな工程を経て生まれるスニーカーは本当に美しく惚れ惚れするほどでした。

ちなみに、〈ムーンスター〉の前身は年配の方には馴染み深い「月星(ツキホシ)」。本拠地である久留米市はゴム産業で知られる街ですが、足袋の製造からスタートした同社は、やがて足袋とゴムを合わせて地下足袋を作り、そこからスニーカーをはじめとするさまざまな靴の製造を行うメーカーとして、その歴史を歩んできました。そんな同社のラインナップの中で、私が目を付けたのが、学生時代に慣れ親しんだ上履きでした。どの世代でも学生時代にお世話になった上履きですが、消耗品というイメージがあり、あまり見向きをされないのが気の毒だと思ったのです。そうして思いついたのが、昔ながらのヴァルカナイズ製法で上履きを作るという企画でし

た。現在、市場に出回っている上履きはコストの問題から海外で簡易的な製法で作られています。そんな現状にある上履きをコスト度外視で、久留米の工場で日本製にこだわって作りたい。そうお願いしたのです。

ただ、これまでと変わらないモノを「つくりがいいですから」と言って、販売するだけでは、作り手のエゴで終わってしまいます。そこで、上履きでありながら外履きとしても使え、かつファッションアイテムとして十分活躍できるモノを目指すことにしました。具体的にアップデイトしたのは、アウトソールとインソールの厚さ、トウの長さ、ゴムバンドの幅と生地の色目。ディテールにこだわりつつ、上履きの野暮ったい面構えを残しながら、ギリギリの線を狙うことにしました。そんな紆余曲折を経て、完成したシューズは、またまた自慢になってしまいますが、嬉しいことにビームスの中で長く愛される人気商品となったのです。

「たかが上履き、されど上履き」です。日本人の習慣や文化、製造地である久留米の地域性、そして企画に関わっていただいた九州人の気持ちの良さ。〈ムーンスター〉の上履きシューズには、たくさんの人の思いや受け継いできた技術、そして歴史までもが詰まっているのです。

41 肥前びーどろ

佐賀県・佐賀市

有田焼、伊万里焼、唐津焼といったやきもので有名な佐賀県は、日本屈指の窯業地であるとともに、数多くの工芸品が今も作られる場所でもあります。そんな佐賀県の銘品として私が選んだのは、陶磁器ではなく肥前びーどろの名で古くから親しまれる宙吹き製法による美しいガラス器です。

肥前びーどろの起源は古く、江戸末期に鍋島藩によって精煉方(現在でいう理化学研究所)が設置されたのがその始まりといわれ、現在は佐賀市の重要無形文化財に指定されています。現存する唯一のメーカーである「副島硝子工業」では、コップや皿、花器など主に日常使いのガラス器を作り続けていますが、その中でも〝燗瓶(かんびん)〟と呼ばれる酒器を紹介させていただきたいと思います。

その形状は鹿児島の薩摩焼や沖縄のヤチムンの酒器である〝からから〟にも似ていて、とても特徴的なかたちをしています。生産者の方に伺ったのですが、燗瓶は宙吹きの中でも〝ジャッパン吹き〟と呼ばれる2本のガラス竿を使った伝統的な製法によって作り上げるので、製作がとても難しく恐らく他では作ることができないのではないかとのことでした。文章でうまく説明できないのがとても残念なのですが、実際に現場を見れば、素人でもいかに高度な技術が必要なのかがわかります。

そんな卓抜した技術を有する職人の手によって作られる燗瓶は、とても貴重なモノでもあるのですが、それにも増して今も現地で普通に使われているのが、何より素晴らしいと思いました。佐賀県は日本酒の生産が盛んな地域ですが、この燗瓶が今も年配の方々に親しまれるだけでなく、家庭や酒場で他の食器と同じように使われているのです。

それになんといっても無駄のないデザインというか、酒器としての機能を果たすべく自然と生まれたようなシンプルな形状も魅力的です。お酒を注ぎ入れる口、お酒が入る本体、そしてお酒を注ぐためのもうひとつの口。この3つが極めて自然に一緒になることで、なんとも美しいかたちを構成しています。おそらく今後、さらに貴重なモノになってしまうと思われますが、できる限り、普通に存在する日常のモノとして、地元のみならずいろんな場所で親しまれ、使われることを願うばかりです。

ちなみに燗瓶という名前ですが、熱燗でも冷酒でもどちらにも使えます。古くから現地の日常の中で今も愛され続けるガラスの酒器を、佐賀の銘品に選定させていただきます。

42 コンプラ瓶　長崎県・波佐見町

長崎と聞くだけで、なぜかワクワクしてくるのは私だけでしょうか。各地の歴史や文化に興味がある私が長崎と聞いてまず思い浮かべるのは、出島を舞台に栄えた異国文化です。江戸時代の鎖国という特殊な環境(制約)下で花開いた長崎の異国文化は唯一無二のものですし、とうの昔のことなのにその影響が長崎県内の各地にまだまだ続いているのも長崎の魅力だと思います。

いきなり話が飛んで恐縮ですが、私が惹かれる街には3つの要素があります。それは、街の中心に城ないし、栄える元となった何かが残っていること。同じく中心に象徴的な川が流れていること。そして、路面電車が走っている街であるということです。長崎に当てはめてみれば、有名な眼鏡橋がかかる中島川があり、市電が走っていて、異国文化の中心地であった出島跡もあります。加えて言うなら、「長崎くんち」という、とても素晴らしいお祭りもあります。2019年に初めて生で見たのですが、それはとても華やかで美しく心躍るお祭りでした。そんな個人的な思い入れもあって、長崎は私にとって特別な場所のひとつなのです。

そんな長崎で選ぶ銘品は、異国文化に紐付いたモノにしたいと考えました。いろんなモノが頭に浮かんだのですが、悩んだ末にコンプラ瓶を選ぶことにしました。古いモノに詳しい方は名前を聞いて、すぐその姿が思い浮かぶかもしれませんが、恐らくほとんどの方は知らないと思います。簡単に説明すると、コンプラ瓶とは出島からオランダをはじめとするヨーロッパや世界各国へ輸出する醤油や酒を入れるために作られた容器のことで、当時長崎周辺で生産が盛んだった瓶形の磁器のことをいいます。

今でも海外の蚤の市や古道具店で、当時のコンプラ瓶を見かけることがあります。コンプラ瓶の魅力といえば、オランダ人好みの特徴的な形状の染付白磁と今でいうヘタウマな感じで書かれた呉須(コバルト色)の文字にあると思います。一体、何が書かれているのかというと、オランダ語で日本の酒、日本の醤油という意味である「JAPANSCHZAKY」や「JAPANSCHZOYA」といったモノがどうやら多いようです。なんてことのない単語が描かれているのですが、眺めているだけでもなんともいえ

コンプラビン

ない異国情緒を感じる素敵なモノだと私は思います。

そんなコンプラ瓶が主に生産されていたのは、江戸から明治初期にかけてのことですが、実は今でも別の用途で長崎の波佐見で作られています。波佐見といえば、その昔はお隣である有田の兄弟分のような産地でしたが、現在は地元の方々の努力によって、有田を凌ぐほど活気ある産地となっています。

もちろん当時のモノとは違いますが、波佐見で今作られるコンプラ瓶を見た瞬間、これはこれで魅力的なモノだと感じました。そして、かれこれ5年ほど前に波佐見を訪れ、ビームスジャパン用に現地のメーカーさんに作っていただいたのが、こちらのコンプラ瓶です。ヘタウマ（褒めているので誤解なく）な文字で〝BEAMS JAPAN〟と書いていただいたら、想像以上にしっくりきて、とても満足いくモノに仕上がりました。

デキャンタ代わりに使って良し、お酒の前割りに使って良し、一輪挿しとして使って良しと、用途を問わないコンプラ瓶。皆さんのアイデアで自由に使っていただけたらと思います。鎖国や開国といった日本の歴史が生み出したコンプラ瓶は、時代を超えて愛される、長崎を代表する銘品だと私は思います。

43 花手箱 熊本県・人吉市

日本全国を巡っていると、偶然良いモノに出合う機会があります。そのひとつが、熊本県人吉市で出合った花手箱です。花手箱は熊本の工芸品として広く知られ、これまで私もいろんなところで目にしていました。もちろん良いモノだと思っていましたし、もともと嫁入り道具だったという背景や、熊本の人を象徴するかのような華やかな色彩に好感を持っていました。そんな花手箱に私が改めて出合ったのは、人吉市に生産拠点を置く球磨焼酎の老舗酒造メーカー「高橋酒造」さんを訪れた時のことでした。

球磨地方にある人吉市はとても歴史のある地域で、何といっても球磨焼酎（米焼酎）の聖地のようなところです。ちなみに球磨焼酎は、薩摩焼酎、壱岐焼酎、琉球泡盛と並んで、日本で4つしかない産地呼称が認められた由緒正しきお酒です。そんな球磨焼酎の巨人ともいえるのが、「白岳」の銘柄で知られる「高橋酒造」さん。そ

の工場に伺った際に立ち寄った工場併設のショップで、地元の名産品である花手箱を偶然見つけたのです。

花手箱が熊本県のモノであることは知っていましたが、まさか人吉で作られているモノだとは思いもしませんでした。以前から気になっていたモノを、図らずも見つけた感じです。「高橋酒造」の高橋さんに「生産者の方はご存じですか？」と伺うと、「もちろんよく知っていますし、近所ですよ。付き合うので、今から一緒に行きますか？」と、トントン拍子で話が進み、その場で生産者である「宮原工芸」さんに連絡を取っていただけることになりました。あいにく、主の方は不在でしたが、奥様が対応してくださることになり、「善は急げ」とばかりに、早速「宮原工芸」さんを訪問しました。付いている時は、とことん付いています。

お伺いすると、それは素晴らしい生産現場でした。「宮原工芸」さんは花手箱の他、九州各地方で昔から作られている木製玩具、雉子車(この地方できじ馬)も作られていて、これまた想像もしていなかったモノに出合うことができました。

また、ありがたいことに地元の名士である高橋さんが私のことを電話で説明してくれていたおかげで、初めから好感触です。本当に付いてる時は付いています。そこで私は初対面にもかかわらず、「ビームスジャパンで扱う日本の銘品の仲間入りをしてほしい」「特注で橙色の花手箱を作っていただけないか」と、ここぞとばかりにお願いすることにしました。

ありがたいことに奥様は私の思いと意図を汲み取ってくださったのですが、実際にイメージどおりのモノを作れるか約束できないし、ご主人に相談するので預からせてほしいと言われました。確かに奥様のおっしゃるとおりです。「もし、特注させていただけるなら、試作品からですね」となんとか話をまとめて、その場をあとにすることにしました。

東京に戻ってから、奥様からの返事を、首を長くして待っていたのですが、待てど暮らせど連絡がありません。しかし、あまりに厚かましいお願いだったので、こちらから催促するわけにもいきません。それから約半年後、とうとう待ちきれなくなった私は奥様に電話してみることにしました。

すると、「他からの注文が溜まっていたので、取り掛かることができなかったの。ちょうど落ち着いたので、特注品も作ってみましょう」と意外にもあっさりとオーケーの返事が。嬉しいことに、ようやくスタートラインに立つことができたのです。

そう思っていたところ、しばらくして驚くべき事件が起こります。電話から1ヶ月もしないうちに、特注の試作品ではなく、仮の数量で発注していた大量の花手箱が事務所宛に届いたのです。ドキドキしながら開梱すると、通常の花手箱に加え、橙色の花手箱の完成品も入っていました。期待していたとおりの素敵な橙色を見て、心からホッとしたのを今でもよく覚えています。そうそうないことですが、なかなかドラマチックな展開です。先に書いたとおり、もともと嫁入り道具だった花手箱。その昔、華やかな椿柄の花手箱をたくさん積んでの花嫁道中はさぞ美しかったことでしょう。「代々栄える」という意味を持つ橙色は、子孫繁栄の意味もあります。そう考えると、さらにめでたい銘品になったのではないかと自負しています。

Column
旅にまつわるエトセトラ

11 旅番組が好き

某テレビ局の旅番組が好きです。電動バイク、バス、電車など移動手段はさまざまですが、自分が行ったことのある地域が舞台だと食い入るように観てしまいます。いかに効率良く移動していくかが番組の企画の肝なのですが、大体がうまくいかず、無駄な時間を過ごすことに。しかし、それこそが旅の醍醐味！「さすが某テレビ局！旅のことをよくわかっている」なんて偉そうなことを思いながら楽しみに観ています。ちなみに私の旅も、いつも思いどおりには運びません。

44

下駄サンダル

大分県・日田市

大分県の銘品として紹介するのは、日田で作られる下駄サンダルです。正直、企画を始めた頃は、ここまで定番になるとは想像もしていませんでした。

日田は、古くから九州北部の交通の要所として栄えた街で、江戸時代には徳川幕府の天領として、林業や運輸業、その財を元にした金融業で潤い、明治4年に大分県が設置されるまで、日田県という場所があったぐらい活気のある街だったそうです。現在はその当時の風情ある街並みが残る、県内有数の温泉観光地としても知られています。そんな日田の名産といえば、地元の良質な杉や檜を原材料に作られる下駄。以前から日田が下駄の産地であることは知っていましたし、興味はあったのですが、この街の近くにある小鹿田焼の窯元を訪れるばかりで、下駄の製作現場を訪れたことはありませんでした(日田の温泉や食事は満喫していましたが)。

そんな私に下駄と関わるきっかけを作ってくれたのは、ビームスの同僚でした。以前、彼は日田に本拠を置く会社に勤めており、その会社が本業と別に地元の名産品の開発も行っているらしく、その担当者を紹介してくれたのです。

初めてその方とお会いした際、下駄のサンプルをいくつか見せていただいたのですが、つくりの良さに反して手頃な価格、シンプルなデザインにとても好感を持ちました。その中に愛嬌のある顔つきの下駄を見つけた私は、「コレをビームス用にカスタマイズできないか」と思いつきました。それは、ちょうどビームスジャパンのオープン前、新たな商品を探していたタイミングでもありました。

もちろん、その下駄自体は素晴らしいのですが、このままだと少し物足りない。とはいえ、素材を台無しにするようなアレンジは絶対にしたくない。そこで思いついたのが、下駄のソールを変えるというアイデアでした。あくまで個人的な意見ですが、慣れない人はその硬い履き心地から長時間の着用が難しく、カランコロンという風情ある足音も合わせる服やシチュエーションによってはうるさくなることがあるかもしれない。そうした点を解消できたら、もっと下駄の魅力を多くの人に届けることができるのではないかと考えたのです。

その時、真っ先に頭に浮かんだのが、〈ビルケンシュトック〉のソールでした。ファッションアイテムとしては大定番ですし、もともと健康サンダルのメーカーということもあり、履き心地や機能も申し分ありません。しかし、担当の方も製作者である職人さんもソールの入手方法はもとより、〈ビルケンシュトック〉自体を知りません。そこで、社内の知っていそうな先輩にソールの入手方法を聞いてみたところ、意外なほど簡単に仕入れられることがわかりました。さすがはビームスです。それは、絶対にうまくいくという予感が確信に変わった瞬間でもありました。

無事、ソールの手配もでき、いよいよ試作品の製作です。初めての挑戦なので、製作者のご夫妻も苦戦されたそうですが、そのサンプルは想像以上に綺麗な仕上がりでした。〈ビルケンシュトック〉のソールを使用することで下駄のファッション感がアップし、履き心地と音の問題も見事に改善されています。こうして着物や浴衣だけでなく、普段着にも合わせられる下駄サンダルが誕生したのです。

この下駄サンダル、ビームス ジャパンのオープンに合わせて発売したのですが、なんと瞬く間に初日に完売。その後も予約数に入荷ペースが追いつかず、しばらくの間、店頭に並ぶことのない人気商品となりました。今年で6回目の夏を迎えますが、これまで4000足を超える下駄サンダルがお客様の元へと旅立ち、今ではすっかりビームス ジャパンの定番となっています。

ほんの些細な思いつきからスタートした企画でしたが、製作に携わる方たちの前向きな姿勢があったからこそ、大成功に繋がったのだと思います。やはり前向きでいることは大切です。皆さんには本当に感謝するばかりです。

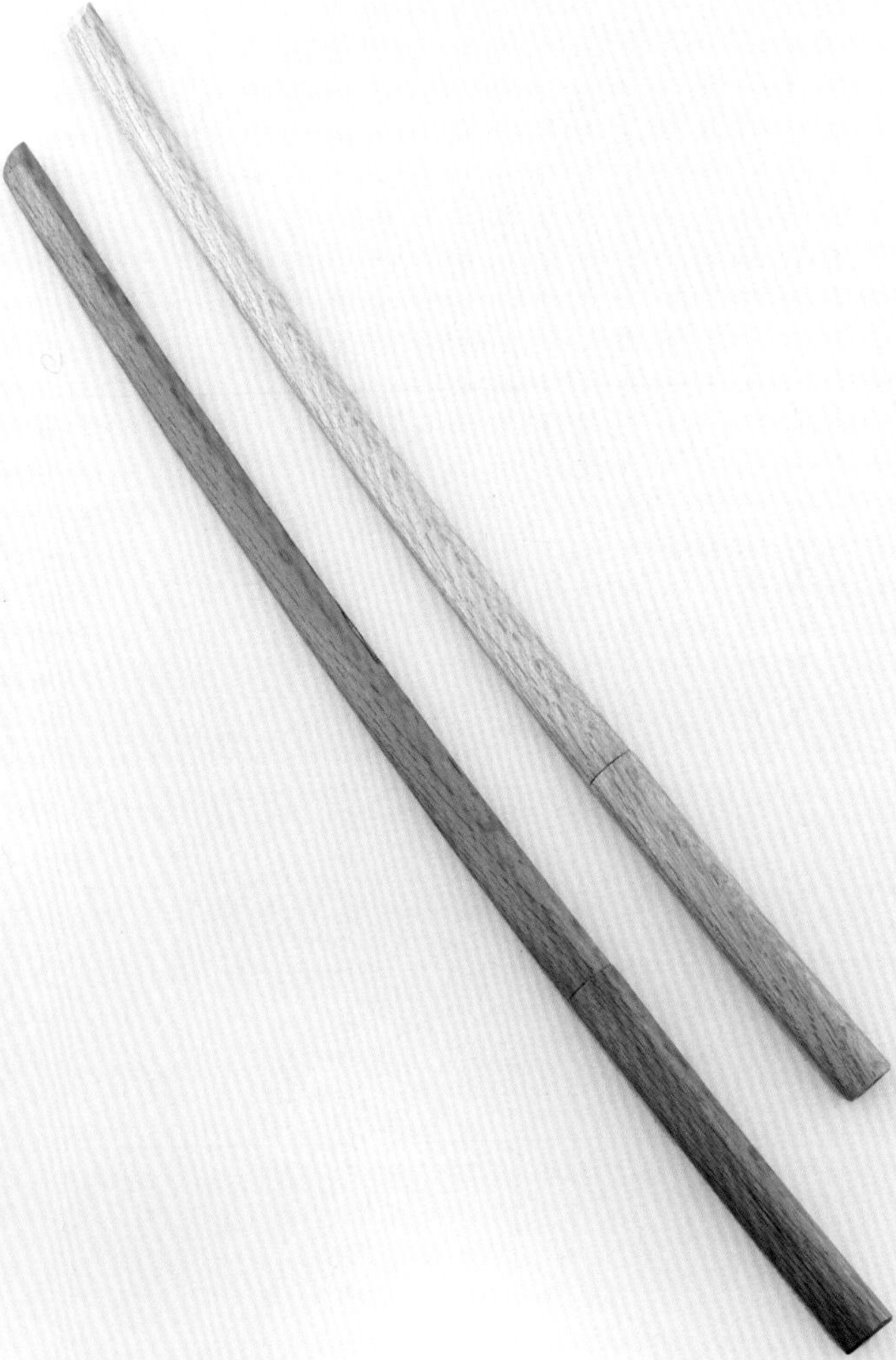

45 木刀

宮崎県・都城市

日本全国を本格的に巡るようになってから、15年ほど経ちますが、実はこれまで宮崎県にはあまり馴染みがありませんでした。大分から鹿児島へ向かう途中で立ち寄ったり、高千穂の藁や竹細工の作り手を訪ねたことはあるものの、自分にとっては数少ない空白地のひとつ。そんなこともあって、一念発起。2020年1月に2泊3日の弾丸ツアーを敢行することにしました。

初日は、宮崎空港に着くなり日向市まで北上し、市内をリサーチして宿泊。2日目の午前中は引き続き日向市内を廻り、古墳で知られる西都市、土人形などの魅力的な郷土玩具で知られる佐土原町、県庁所在地である宮崎市を経由して一気に南下。鹿児島との県境である都城市へと向かいました。3日目は日南や青島を経由して宮崎空港へと向かう予定だったので、都城市をリサーチできるのは、限られた僅かな時間です。しかし、ありがたいことに最終日の夕方、都城商工会議所の県産品が並ぶ展示場で運命的な出合いがありました。事前に調べてくればいいだけの話なのですが、展示場に並ぶ弓や矢、竹刀や木刀といった武道具を見て、都城市がその一大産地だということを初めて知ったのです。

モノの良し悪しはさておき、実は以前から、ビームスジャパンで木刀を扱いたいと思っていました。浅草や京都といった観光地で見かける「THE土産物」といったノスタルジックな趣を持つ木刀。誰もが一度は抱く剣士への想いに火がつくというか、土地の思い出と一緒に木刀を持ち帰るのって、悪くないなと思っていたのです。展示場で見た木刀は、土産物屋で売られているモノとは明らかに格が違うモノでした。さすがに剣道の鍛錬に使用する木刀は、素材もつくりもしっかりとしています。もう一目惚れです。そのまま、すぐに商工会議所の事務所へと突入し、たまたま話しを聞いてくださった方にも恵まれ、その場で木刀をはじめとする武道具の情報を仕入れることができました。翌日、武道具を作るメーカーを訪問するべく、何社かコンタクトを取ったのですが、あいにく生産が立て込む時期だったようで、残念ながらその時はどこも訪れることができませんでした。

しかし、東京に帰ってきてから改めて連絡を取ったところ、なんと都城の木刀を取り扱えることになったのです。全く予期せぬ場所で、偶然にも求めていたモノに出合えるのも旅の醍醐味です。「これも何かのご縁」という言葉が大好きですが、これこそまさにご縁なのではないかと思います。

46 白薩摩　鹿児島県・日置市

日本広しといえども、鹿児島県ほど地域性豊かなところはないのではないでしょうか。薩摩藩の時代はもとより、長い年月をかけて育まれた固有の文化の痕跡がいまだそこかしこに残っているからでしょうか。鹿児島を訪れると、日本の中の別の国へ訪れたような錯覚を覚えることがあります。

各地に続く独特の風習、食や酒をはじめとする魅力的な地場産品、そして「かごんま(鹿児島)人」の大らかで芯の通った気質、桜島に代表される地理的環境など、そのすべてが絡み合った伝統文化が現在もちゃんと生き続けている。鹿児島人でない私から見ると、羨ましいほどです。

そんな多様な魅力に溢れた鹿児島の数多ある銘品の中から、ひとつを選ぶというのは、非常に悩ましい作業ですが、鹿児島(薩摩)の歴史や文化を感じられるだけでなく、鹿児島での楽しい想い出が詰まったモノということで、独断と偏見に基づき、白薩摩をご紹介させていただきます。

正直、白薩摩と聞いてピンとくる方は少ないかもしれません。「白い薩摩？白い鹿児島って何？白色の薩摩揚げ？」と思う、私のような食いしん坊もおられることでしょう。余談ですが、鹿児島では薩摩揚げのことを「つけあげ」と呼びます。地元の言葉で言うなら、「つっきゃげ」です。

話が逸れましたが、白薩摩とは白土のやきもののこと。陶磁器に詳しい方であればご存じかと思いますが、鹿児島のやきものである薩摩焼は、殿様など偉い人が使う「白もん」と庶民が使う「黒もん」に大別され、その名のとおり白色のやきものは、古くから白薩摩と呼ばれてきました。もちろん、現在はどちらも一般的に流通していますが、今回はあえて「白もん」こと、白薩摩を選ぶことにしました。その最大の理由がこの地ならではの美しい白土です。あくまで個人的な意見ですが、その白土は「ただ白くて美しい」のではなく、「白さの中に何ともいえない優しさが感じられる」ということです。日本各地に白土の産地は数多くありますが、薩摩の白土は他とは何か違うのです。

そんな白薩摩の器の中から私がオススメするのが、焼酎用のコップです。パッと

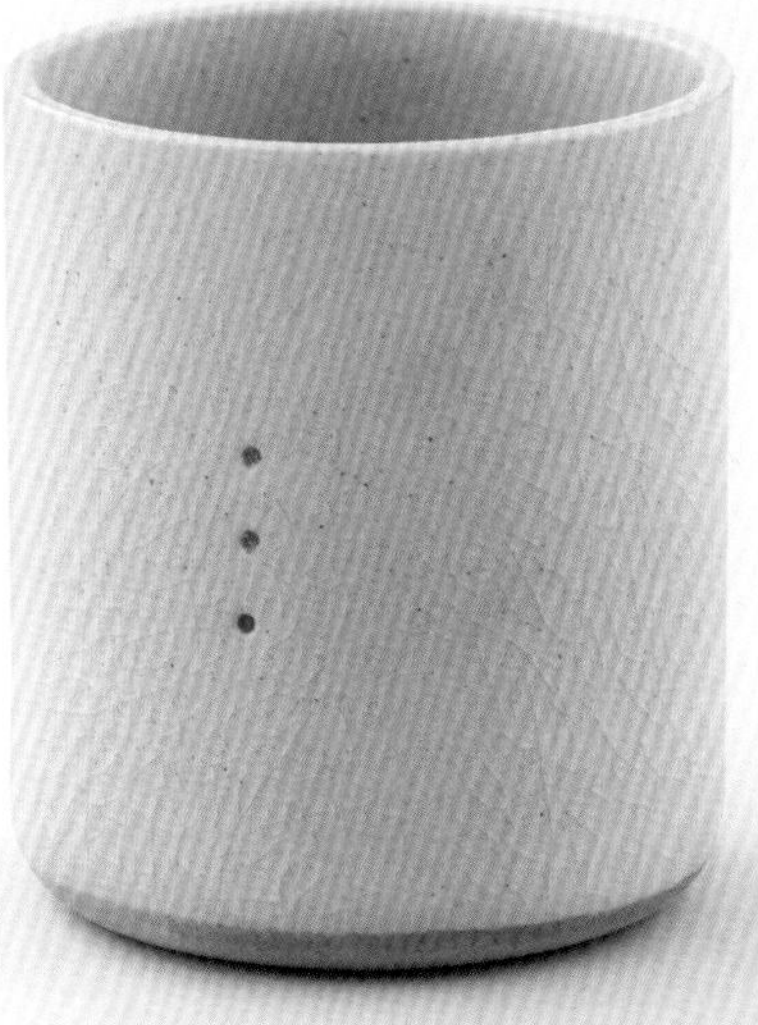

見はなんてことのない普通の器に見えますが、使うとその良さがわかります。鹿児島を訪れたことのある人ならピンとくるかもしれませんが、実はこのコップ、焼酎を水やお湯で割る時の目盛りが印刷されたガラスのコップが元になっています。大体3本線の目盛りが印刷されているのですが、〝4：6〟〝5：5〟〝6：4〟と焼酎をお好みの濃さで簡単に割ることができ、とても便利です。焼酎の銘柄や度数、食事や季節によって臨機応変に使い分けることもできます。そんなガラスのコップを白薩摩で作ったのが、こちらの焼酎用コップというわけです。

ガラスのコップももちろん悪くないのですが、優しい薩摩の白土のコップはなんともいえない味わいがあり、とても魅力的です。ちなみに目盛りを「蛍手（ほたるで）」というやきもの独自の手法で施しているのが、とっても心憎い。ぜひ薩摩名物の「つっきゃげ」をつまみに、このコップで芋焼酎を楽しんでみてください。

47

うめーし

沖縄県・那覇市

沖縄に行かなくなって、かれこれ10年は経つと思います。以前は沖縄産品の仕入れを担当していたので、年に数回は沖縄に通っていました。沖縄は地域性豊かで魅力的なモノがとても多く、当時はヤチムン(陶器)、ガラス、漆器、張子、絣などの染織品、竹やワラビ(地元でそう呼ばれる自生の蔓)のカゴザル、そして泡盛や沖縄ならではのお菓子など、さまざまなモノの仕入れに携わっていました。他の地域とは比べものにならないぐらい、魅力的なモノに関わらせていただき、とても良い思い出ばかりです。

そして、なんといっても沖縄は人が面白いのです。これは私の勝手な印象ですが、柔らかいのにたくましく、自由なのに伝統を重んじる、そんないい意味での二面性を持ち合わせているのです。だからこそ、過去幾度となく訪れた大きな苦難や災害も乗り越えることができたのではないか、そんな尊敬の念さえ抱いてきます。

10年のブランクを経て、沖縄の銘品として何を挙げるべきか？本当に悩みました。当時、お付き合いのあった沖縄の作り手のことを思い出したり、過去の資料や自宅にある沖縄の品々を引っ張り出してきて、悩みに悩みました。なかなか「コレだ！」というアイデアが湧かずに途方に暮れていた時、元来食いしん坊である私の頭の中に真っ先に思い浮かんだのが、沖縄での楽しい宴でした。

現地の人たちと賑やかに食卓を囲む美味しい夕べは、まさに宴と呼ぶにふさわしい貴重な時間でした。そんな風景にいつもあったのが、今も自宅で愛用するうめーしと呼ばれる沖縄の竹箸。それこそ、沖縄だけでなく、日本全国の沖縄料理店でも使われている赤と黄色に塗り分けられた、あの箸のことです。私が沖縄に通っていた頃は、市場などに行けば何十膳と袋に入ったものが普通に売られていたので、今もネットで買えるかどうか試しに検索してみることにしました。

すると、驚くべきニュースが目に飛び込んできました。それは、現地のメディアが伝える「沖縄定番の赤と黄色の箸〝うめーし〟がなくなる?!」(2019.08.26 沖縄REPEATより)という記事で、生産を一手に担っていた鹿児島県の業者が廃業し、それを引き継ぐ会社もなく、今ある在庫限りでうめーしがなくなってしまうというショッキングな内容でした。いきなりのニュースに愕然としたのですが、もう少し情報を探ってみようと検索を続けると、今度は「途絶えかけた沖縄定番の〝赤黄箸〟再び食卓へ　県内生産へテスト始まる」(2019.11.24 沖縄タイムスプラスより)という記事を見つけました。

もうドキドキです。その記事を読み進めていくと、うめーしの卸元だった那覇市内の「カネナガ商事」代表の田川さんという方が、地元での再生産を試み、就労支援施設の方々に生産をお願いすることで、テスト品の製作にまで漕ぎ着けたということでした。

この記事を見た私はもう居ても立ってもいられず、早速「カネナガ商事」に電話してみることにしました。あいにく田川さんは外出中ですぐには捕まらなかったのですが、その日のうちにまた電話をかけ直し、田川さんとお話しすることができました。記事を読んだ私の感動と思いを一方的にぶつけてしまったのですが、さすがは沖縄の人。その思いをしっかりと受け止めてくれました。

２０２１年１月に電話をしたので、記事が出てからはもう１年以上、月日が流れています。てっきり生産も軌道に乗っているかと思っていたのですが、試行錯誤を繰り返した末、ようやく本生産のメドが立ち、夏前には発売できるのではという話でした。ありえないほどのグッドタイミングです。

それからしばらくして、私の手元に田川さんたちが手がけたうめーしの試作品が届きました。期待していたとおり、赤と黄色が美しく塗り分けられ、程よい色艶も印象的です。実際に手に取ると、沖縄での美味しく、楽しかった宴の時間が箸先から蘇ってくるようでした。その話を田川さんにすると、まさに同じことをイメージされていたようで、とても喜んでくれました。というわけで、沖縄への憧憬と思い出、そして土地の記憶を繋いでくれたうめーしを沖縄の銘品に選ばせていただきます。

Column
旅にまつわるエトセトラ

12 表あれば裏あり

これは旅に限った話ではないのですが、「表があれば裏があり」です。どこの駅にも駅前（表）と駅裏があり、誰が決めたかどちらかが駅前で、もう一方が駅裏と呼ばれていたりします。街によっては駅裏の再開発が進み、いつしか駅前に取って代わる、そんな風景もよく見られます。そして、道もまた一緒。道も表と裏というか、進行方向によって景色や印象が変わります。だからこそ、初めての街では同じ道を行き来してみる。そんなことを心がけています。

金華
さば
BEAMS
JAPAN

ビーム寿司
BEAMS
七味

銘品のススメ的、日本地図

LOCAL SPECIALTY / MAP OF JAPAN

01 ニポポ人形
02 ボッコ靴
03 SEIKO寅ダイバー
04 鯖缶
05 秋田木工のスツール
06 けん玉
07 ベコ太郎べこ
08 水車杉線香
09 益子焼柿釉皿
10 絹のボディタオル
11 武州の藍染めセットアップ
12 萬祝染ビジネスケース
13 ゴールドキューピー
14 鎌倉彫
15 アルプス三徳缶切り
16 香炉
17 珪藻土コンロ
18 越前焼タンブラー
19 洋傘
20 七味唐辛子
21 寿司湯のみ
22 型染め
23 瀬戸焼まねき猫
24 松阪もめん
25 信楽焼たぬき
26 京丸うちわ
27 牛乳石鹼橙箱
28 アラジンのブルーフレームヒーター
29 自衛隊員のための靴下
30 シール織レンジクロス
31 佐治手漉き和紙
32 出雲石勾玉
33 畳縁コインケース
34 宮島杓子
35 蛸壺
36 藍染め和紙
37 手袋
38 伊予水引
39 土佐にわか手拭い
40 ムーンスターの上履きシューズ
41 肥前びーどろ
42 コンプラ瓶
43 花手箱
44 下駄サンダル
45 木刀
46 白薩摩
47 うめーし

北海道・東北地方

オホーツク海
OHO-TSUKU KAI
01 ニポポ人形
［網走市］
北海道
HOKKAIDO
日本海
NIHON KAI
札幌
Sapporo
青森
Aomori
青森県
AOMORI
02 ボッコ靴［黒石市］
北太平洋
KITA TAIHEIYO
盛岡
Morioka
秋田県
AKITA
03 SEIKO寅ダイバー［雫石町］
秋田
Akita
岩手県
IWATE
秋田木工のスツール 05
［湯沢市］
山形県
YAMAGATA
宮城県
MIYAGI
04 鯖缶［石巻市］
けん玉 06
［長井市］
山形
Yamagata
仙台
Sendai
福島 Fukushima
新潟
Nigata
07 べコ太郎べこ［西会津町］
新潟県
NIGATA
福島県
FUKUSHIMA

関東・中部地方

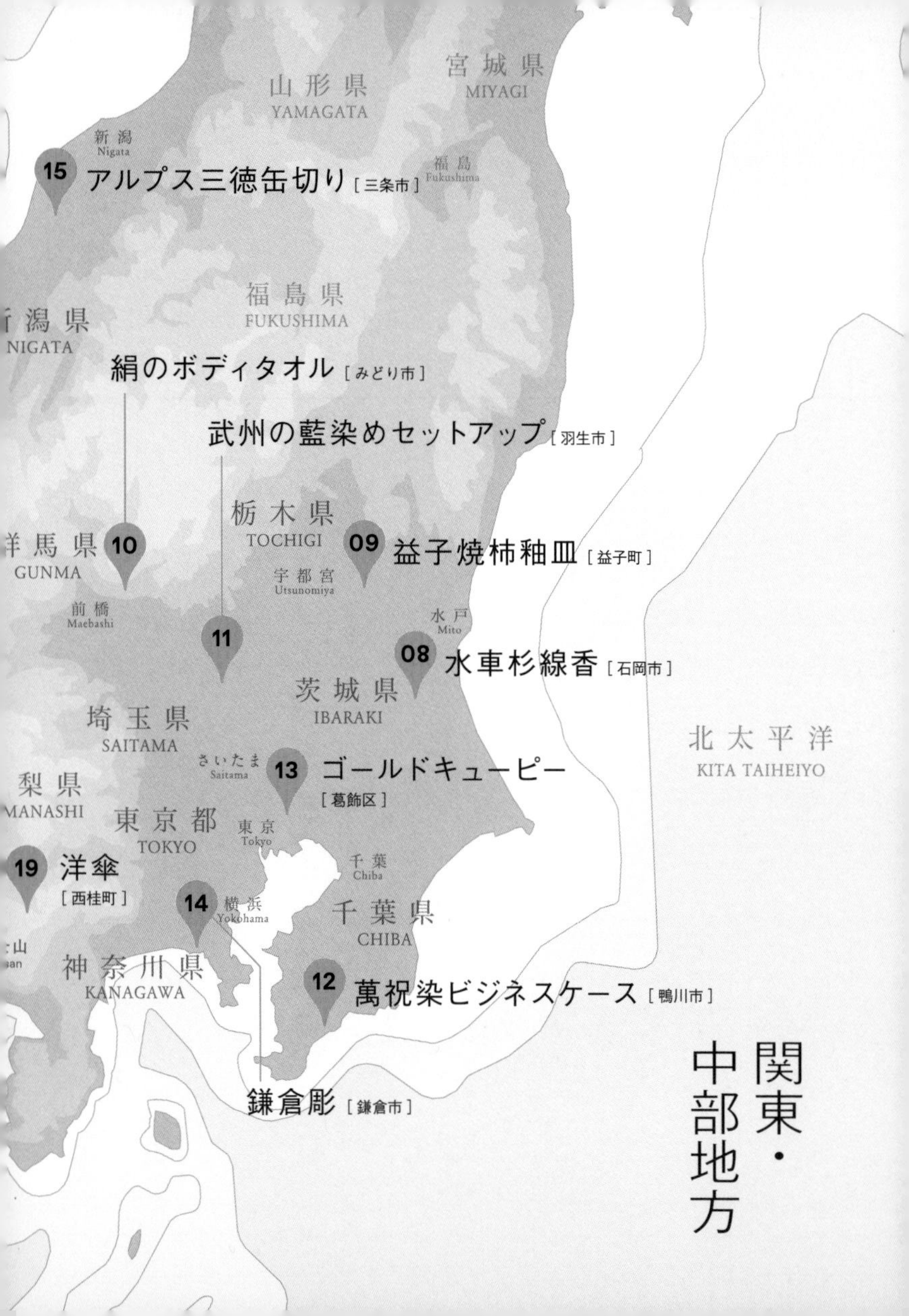
山形県
YAMAGATA
宮城県
MIYAGI
新潟
Nigata
福島
Fukushima
15 アルプス三徳缶切り［三条市］
福島県
FUKUSHIMA
潟県
NIGATA
絹のボディタオル［みどり市］
武州の藍染めセットアップ［羽生市］
栃木県
TOCHIGI
馬県
GUNMA
10
09 益子焼柿釉皿［益子町］
宇都宮
Utsunomiya
前橋
Maebashi
水戸
Mito
11
08 水車杉線香［石岡市］
茨城県
IBARAKI
埼玉県
SAITAMA
北太平洋
KITA TAIHEIYO
さいたま
Saitama
13 ゴールドキューピー［葛飾区］
梨県
MANASHI
東京都
TOKYO
東京
Tokyo
19 洋傘［西桂町］
千葉
Chiba
14
横浜
Yokohama
千葉県
CHIBA
神奈川県
KANAGAWA
12 萬祝染ビジネスケース［鴨川市］
鎌倉彫［鎌倉市］

17 珪藻土コンロ
［珠洲市］
石川県
ISHIKAWA
日本海
NIHON KAI
香炉 16
［高岡市］
七味唐辛子 20
［長野市］
長野
富山
Toyama
金沢
Kanazawa
富山県
TOYAMA
越前焼タンブラー 18
［越前町］
福井
Fukui
長野県
NAGANO
岐阜県
GIFU
福井県
FUKUI
21 寿司湯のみ［美濃市］
岐阜
Gifu
23 瀬戸焼まねき猫
［瀬戸市］
琵琶湖
Biwako
京都府
KYOTO
滋賀県
SHIGA
名古屋
Nagoya
静岡県
SHIZUOKA
大津
Otsu
兵庫県
HYOGO
京都
Kyoto
愛知県
AICHI
22 型染め
［浜松市］
神戸
Kobe
大阪
Osaka
奈良
Nara
津
Tsu
大阪府
OSAKA
奈良県
NARA
三重県
MIE

近畿・中国・四国地方

福井
Fukui
福井県
FUKUI
岐阜県
GIFU
31 佐治手漉き和紙［鳥取市］
京丸うちわ［京都市］
岐阜
Gifu
琵琶湖
Biwako
京都府
KYOTO
アラジンのブルーフレームヒーター［加西市］
滋賀県
SHIGA
名古屋
Nagoya
26
大津
Otsu
愛知県
AICHI
25 信楽焼たぬき［甲賀市］
京都
Kyoto
28
兵庫県
HYOGO
27 牛乳石鹸橙箱［大阪市］
津
Tsu
神戸
Kobe
奈良
Nara
三重県
MIE
24 松阪もめん［松阪市］
大阪
Osaka
29
大阪府
OSAKA
奈良県
NARA
30
37 手袋［東かがわ市］
自衛隊員のための靴下［橿原市］
和歌山
Wakayama
36
徳島
Tokushima
シール織レンジクロス［橋本市］
藍染め和紙［吉野川市］
島県
OKUSHIMA
和歌山県
WAKAYAMA
北太平洋
KITA TAIHEIYO

出雲石勾玉 32
［松江市］
松江
Matsue
鳥取
TOTT
日本海
NIHON KAI
島根県
SHIMANE
岡山
OKAYA
広島県
HIRIOSHIMA
畳縁
コインケース 33
［倉敷市］
宮島杓子 34
［廿日市市］
広島
Hiroshima
山口県
YAMAGUCHI
山口
Yamaguchi
35 蛸壺 ［防府市］
香川
KAGAW
伊予水引 38
［四国中央市］
松山
Matsuyama
福岡県
FUKUOKA
土佐にわか
手拭い 39
［高知市］
高知
Kochi
愛媛県
EHIME
高知県
KOCHI
39
大分
Oita
大分県
OITA
宮崎県
MIYAZAKI

九州・沖縄地方

山口県
YAMAGUCHI
山口
Yamaguchi
肥前びーどろ［佐賀市］
福岡県
FUKUOKA
福岡
Fukuoka
佐賀県
SAGA
41
40
42
44
下駄サンダル［日田市］
佐賀
Saga
長崎県
NAGASAKI
ムーンスターの上履きシューズ
［久留米市］
コンプラ瓶
［波佐見町］
大分
Oita
大分県
OITA
長崎
Nagasaki
熊本
Kumamoto
熊本県
KUMAMOTO
43
花手箱
［人吉市］
宮崎県
MIYAZAKI
鹿児島県
KAGOSHIMA
45
木刀
［都城市］
宮崎
Miyazaki
白薩摩
46
［日置市］
鹿児島
Kagoshima
沖縄県
OKINAWA
47
うめーし
［那覇市］
那覇
Naha

山路きて　何やらゆかし　すみれ草

松尾芭蕉

あとがき

「そもそも銘品って何？」と、人からよく言われます。
特に銘品という言葉にこだわっているわけではありません。
この本の中でしつこいくらいに話してきた、
モノ自体に魅力があるだけでなく、
その土地の地域性や文化、
作り手のキャラクターや想いなど、さまざまな要素が相まって
生まれた素晴らしいモノを何て呼ぶべきか？
そんなことを考えていた時に、なんとなく浮かんだ言葉でした。
優れたモノを指す言葉は、世の中にたくさんありますが、
「めいひん」という響きと「銘品」という字面が、
自分の中で腑に落ちて、使い始めるようになりました。

この5年間、北から南まで、日本全国を方々巡りました。
それぞれの土地でたくさんの方にお世話になりました。
正直な話、私だけではまずできないことばかりでした。
生産者や製作者、メーカーや関係会社をはじめ、
広告代理店や企画会社、地方自治体の担当者、
そして美味しい食事と時間を提供してくださった飲食店、
街で出会って貴重な情報や思い出をくれた見知らぬ方々、
そしてビームス、ビームス ジャパンの皆さんなど、
お世話になった方を挙げればキリがありません。
コロナ禍の中、1年で書き上げた5年間の旅の軌跡。
感謝の気持ちを整理できたのが、何よりも収穫です。

2021年7月
ビームス ジャパン ディレクター　鈴木修司

鈴木修司（ビームス ジャパン ディレクター）

1976年、三重県生まれ。地元の国立大学で機械工学を学んだのち、ビームスに入社。メンズのドレスクロージング、カジュアルウェア、「ビームス モダン リビング」（当時）など、店舗スタッフとして複数のレーベルを経験。「フェニカ」のマーチャンダイザー、「ビーミング by ビームス」のバイヤーを経て、2016年に「ビームス ジャパン」のディレクターに就任。山田洋次監督の映画『男はつらいよ』とのコラボレーションなど、ヒット企画を連発。地方自治体との協業案件や大学でゲスト講師なども務める。

ビームス ジャパン
銘品のススメ

LOCAL SPECIALTY /
47 PREFECTURES IN JAPAN

2021年7月19日　第1刷発行

著者　鈴木修司（株式会社ビームス）
発行人　設楽 洋（株式会社ビームス）
発行元　株式会社ビームス
〒150-0001 東京都渋谷区神宮前1-5-8 神宮前タワービルディング 3F
TEL 03-3470-9391（代表）
企画制作　株式会社スペースシャワーネットワーク
制作担当　田口隆史郎（株式会社スペースシャワーネットワーク）
発売元　株式会社トゥーヴァージンズ
〒102-0073 東京都千代田区九段北4-1-3 飛栄九段北ビル8階
TEL 03-5212-7442 / FAX 03-5212-7889
印刷 製本　株式会社八紘美術

ブックデザイン　小酒井祥悟、眞下拓人（Siun）
写真　山口恵史
編集　柴田隆寛（kichi）

ISBN 978-4-908406-17-1　Printed in Japan　定価2,200円（本体2,000円+税10%）。